# 胡杨和灰杨的异形叶性及生长适应策略

李志军 等 著

国家自然科学基金项目（31860198、U1803231、31060026、U1303101、31460042）资助

科学出版社

北京

## 内 容 简 介

本书以作者近 10 年对胡杨和灰杨异形叶性的研究工作为基础,系统介绍了两物种异形叶发生和分布特征、异形叶形态解剖结构特征、异形叶生理特性,以及异形叶养分和激素含量随个体发育阶段的变化规律,初步阐明了两物种异形叶性产生的原因,以及异形叶性在两物种个体生长发育和生态适应中的作用。本书对进一步揭示物种异形叶分子调控机理和生态适应策略有重要的理论指导意义。

本书可为从事植物学、生态学领域的科技工作者提供参考,尤其是为从事新疆极端干旱区植被恢复、荒漠河岸林保护和干旱区生态建设管理的人员提供理论指导。

---

**图书在版编目(CIP)数据**

胡杨和灰杨的异形叶性及生长适应策略/李志军等著. —北京:科学出版社,
2021.6
ISBN 978-7-03-067734-1

Ⅰ. ①胡… Ⅱ. ①李… Ⅲ. ①胡杨–植物生长–研究 ②灰杨–植物生长–研究 Ⅳ. ①S792.119

中国版本图书馆 CIP 数据核字(2020)第 262563 号

责任编辑:王 静 付 聪 / 责任校对:郑金红
责任印制:吴兆东 / 封面设计:无极书装

---

**科学出版社** 出版
北京东黄城根北街 16 号
邮政编码:100717
http://www.sciencep.com

**北京建宏印刷有限公司** 印刷
科学出版社发行 各地新华书店经销

\*

2021 年 6 月第 一 版　开本:787×1092 1/16
2021 年 6 月第一次印刷　印张:11
字数:261 000

**定价:148.00 元**
(如有印装质量问题,我社负责调换)

## 《胡杨和灰杨的异形叶性及生长适应策略》
## 著者名单

李志军　焦培培　吴智华　翟军团
张　肖　张山河　盖中帅　郭雪飞

# 前　言

胡杨分布范围广，在欧洲、亚洲、非洲大陆均有天然林存在。中国是当今世界上胡杨分布面积最大、数量最多的地区，胡杨林面积占世界胡杨林面积的 60.9%。在中国，胡杨自然分布在内蒙古、甘肃、新疆、宁夏、青海等省（自治区），其中新疆胡杨林面积占全国胡杨林面积的 91.1%。新疆的胡杨林集中分布在塔里木盆地的塔里木河、叶尔羌河及和田河沿岸。灰杨分布于中亚、西亚、中国等地，在中国分布于塔里木盆地的塔里木河、叶尔羌河、喀什河、和田河沿岸及古河道。胡杨、灰杨在塔里木盆地各大河流沿岸均有分布，形成壮观的荒漠河岸林，是当地人们赖以生存的根基。

胡杨、灰杨具有在水因子异质的生境中完成生活周期的现象，表现为种子萌发到幼苗形成的早期阶段高度依赖河岸地表湿润环境，而生活周期的大部分时间是在大气与土壤极度干燥的环境中，依赖埋深 4～10m 的地下水源生活。从对湿生环境的依赖，过渡到干旱生境而依存于地下水，反映了胡杨、灰杨具有适应生境变干的能力。这种适应生境变干的能力可能是在种群遗传基础上发生的，在适应生境变化的过程中逐渐发展并多样化。异形叶性被认为是植物对环境长期适应所形成的一种可遗传的特性。研究胡杨、灰杨异形叶性的特点，目的是认识胡杨、灰杨是如何通过异形叶形态结构、生理特性、养分和激素水平的协同变化来完成生长发育与生态适应，以保持种群的存续与繁衍，从而有可能根据其与环境的动态关系，采取有效的保护措施，实现促进干旱区荒漠河岸林恢复的干旱区生态环境建设的目标。

本书是国家自然科学基金项目的研究成果，是塔里木大学胡杨研究中心胡杨研究团队对胡杨、灰杨异形叶性多年研究成果的系统总结。全书以胡杨、灰杨的异形叶性为切入点，阐明胡杨、灰杨异形叶性的起因及异形叶性在生长和生态适应中的生物学意义。全书共分 9 章：第 1 章综述胡杨、灰杨异形叶性的研究现状；第 2 章介绍异形叶发生分布与个体发育阶段的关系；第 3 章介绍异形叶形态结构特征与个体发育阶段的关系；第 4 章介绍异形叶光合水分生理特性与个体发育阶段的关系；第 5 章介绍异形叶及当年生茎形态特征与个体发育阶段的关系；第 6 章介绍异形叶及当年生茎可溶性糖、淀粉和可溶性蛋白含量与个体发育阶段的关系；第 7 章介绍异形叶及当年生茎养分含量与个体发育阶段的关系；第 8 章介绍异形叶及当年生茎激素含量与个体发育阶段的关系；第 9 章介绍异形叶展叶物候与个体发育阶段的关系。这对于进一步揭示胡杨、灰杨异形叶性的分子调控机理和阐明异形叶性在生态适应策略中的意义有重要的理论指导作用。

本书研究工作承蒙国家自然科学基金项目"胡杨异形叶发生发育的时空规律及生理机制研究"（31060026）、"胡杨的异形叶性与生长转变的关系及其生理调控机制研究"（31460042）、"水分变化对胡杨异形叶性时空变化的调节机制"（31860198）、"胡杨个体发育过程中叶形变化的分子机理研究"（U1303101）、"塔里木河流域胡杨雌雄干旱适应差异的生理与分子机制"（U1803231）的资助，以及塔里木盆地生物资源保护利用兵团重点实验室——省部共建国家重点实验室培育基地的支持，特此致谢！

  本书撰写过程中得到中国科学院新疆生态与地理研究所潘伯荣研究员、中国农业大学李健强教授、中央民族大学龙春林教授的悉心指导。在此向关心、支持和帮助本书撰写的各位专家、研究生和本科生表示衷心的感谢！

  撰写《胡杨和灰杨的异形叶性及生长适应策略》一书一直是我们研究团队心中坚守的一个目标。我们努力工作，适时总结，但受知识水平所限，书中难免存在遗漏和不足之处，敬请广大读者批评指正。

李志军<br>
2019 年 5 月 1 日

# 目　　录

第1章　概述 ·········································································································· 1
　1.1　胡杨和灰杨概述 ···················································································· 1
　　1.1.1　分类地位 ························································································ 1
　　1.1.2　地理分布 ························································································ 1
　　1.1.3　生物学特性 ···················································································· 2
　　1.1.4　生态学特性 ···················································································· 3
　1.2　植物异形叶性研究进展 ········································································ 6
　1.3　胡杨、灰杨异形叶性研究进展 ····························································· 7
　　1.3.1　异形叶形态解剖学研究进展 ······················································· 7
　　1.3.2　异形叶光合生理研究进展 ··························································· 8
　　1.3.3　异形叶水分生理研究进展 ··························································· 8
　　1.3.4　异形叶生理生化特性研究进展 ···················································· 9
　　1.3.5　异形叶空间分布研究进展 ··························································· 10
　主要参考文献 ································································································· 11
第2章　异形叶发生分布与个体发育阶段的关系 ········································ 16
　2.1　研究方法 ································································································ 16
　　2.1.1　研究区概况 ···················································································· 16
　　2.1.2　试验设计 ························································································ 16
　　2.1.3　异形叶类型的划分 ······································································· 17
　　2.1.4　异形叶和花空间分布调查 ··························································· 17
　　2.1.5　数据统计分析 ················································································ 18
　2.2　异形叶发生的时空规律 ········································································ 18
　　2.2.1　胡杨异形叶发生的时空规律 ······················································· 18
　　2.2.2　灰杨异形叶发生的时空规律 ······················································· 20
　2.3　异形叶分布的时空规律 ········································································ 22
　　2.3.1　胡杨异形叶分布的时空规律 ······················································· 22
　　2.3.2　灰杨异形叶分布的时空规律 ······················································· 23
　2.4　异形叶出现频率及分布比例与胸径和冠高的关系 ··························· 23
　　2.4.1　胡杨异形叶出现频率及分布比例与胸径和冠高的关系 ········· 23
　　2.4.2　灰杨异形叶出现频率及分布比例与胸径和冠高的关系 ········· 24
　2.5　花发生的时空规律 ················································································ 24
　　2.5.1　胡杨花发生的时空规律 ······························································· 24
　　2.5.2　灰杨花发生的时空规律 ······························································· 25
　2.6　异形叶和花时空分布的重叠度分析 ··················································· 26
　　2.6.1　胡杨异形叶和花时空分布的重叠度分析 ·································· 26
　　2.6.2　灰杨异形叶和花时空分布的重叠度分析 ·································· 27
　2.7　小结与讨论 ···························································································· 28
　　2.7.1　胡杨和灰杨异形叶性的特点及生物学意义 ····························· 28

2.7.2　异形叶性与花发生分布的关系··············································28
　主要参考文献·····················································································29

**第3章　异形叶形态结构特征与个体发育阶段的关系**·············································30
　3.1　研究方法················································································30
　　　3.1.1　研究区概况···································································30
　　　3.1.2　试验设计·······································································31
　　　3.1.3　采样方法·······································································31
　　　3.1.4　叶片形态结构指标测定方法···········································31
　　　3.1.5　数据处理方法·······························································31
　3.2　异形叶形态随径阶和树冠层次的变化规律·······································32
　　　3.2.1　胡杨异形叶形态随径阶和树冠层次的变化规律·················32
　　　3.2.2　灰杨异形叶形态随径阶和树冠层次的变化规律·················34
　3.3　异形叶解剖结构随径阶和树冠层次的变化规律································35
　　　3.3.1　胡杨异形叶解剖结构随径阶和树冠层次的变化规律··········35
　　　3.3.2　灰杨异形叶解剖结构随径阶和树冠层次的变化规律··········39
　3.4　异形叶形态结构指标与胸径和冠高的相关性····································43
　　　3.4.1　胡杨异形叶形态结构指标与胸径和冠高的相关性·············43
　　　3.4.2　灰杨异形叶形态结构指标与胸径和冠高的相关性·············45
　3.5　异形叶形态结构主成分分析···························································47
　　　3.5.1　胡杨异形叶形态结构主成分分析····································47
　　　3.5.2　灰杨异形叶形态结构主成分分析····································49
　3.6　小结与讨论···········································································52
　　　3.6.1　异形叶形态结构变化与个体发育阶段的关系···················52
　　　3.6.2　异形叶形态变化与生态适应···········································53
　　　3.6.3　异形叶解剖结构变化与生态适应···································53
　主要参考文献·················································································54

**第4章　异形叶光合水分生理特性与个体发育阶段的关系**·············································57
　4.1　研究方法··············································································57
　　　4.1.1　研究区概况·································································57
　　　4.1.2　试验设计·····································································58
　　　4.1.3　采样方法·····································································58
　　　4.1.4　叶形态和叶片干重的测定·············································58
　　　4.1.5　叶片解剖结构指标测定················································58
　　　4.1.6　叶片生理指标测定·······················································58
　　　4.1.7　数据统计分析方法······················································59
　4.2　异形叶形态随径阶和树高的变化规律···········································59
　　　4.2.1　胡杨异形叶形态随径阶和树高的变化规律·······················59
　　　4.2.2　灰杨异形叶形态随径阶和树高的变化规律·······················62
　4.3　异形叶解剖结构随径阶和树高的变化规律····································64
　　　4.3.1　胡杨异形叶解剖结构随径阶和树高的变化规律················64
　　　4.3.2　灰杨异形叶解剖结构随径阶和树高的变化规律················66

4.4 异形叶光合生理特性随径阶和树高的变化规律 ··········································· 67
    4.4.1 胡杨异形叶光合生理特性随径阶和树高的变化规律 ····························· 67
    4.4.2 灰杨异形叶光合生理特性随径阶和树高的变化规律 ····························· 69
4.5 异形叶水分生理特性随径阶和树高的变化规律 ··········································· 71
    4.5.1 胡杨异形叶水分利用效率随径阶和树高的变化规律 ····························· 71
    4.5.2 灰杨异形叶水分利用效率随径阶和树高的变化规律 ····························· 72
4.6 异形叶脯氨酸及丙二醛含量随径阶和树高的变化规律 ································· 73
    4.6.1 胡杨异形叶脯氨酸及丙二醛含量随径阶和树高的变化规律 ···················· 73
    4.6.2 灰杨异形叶脯氨酸及丙二醛含量随径阶和树高的变化规律 ···················· 74
4.7 异形叶形态结构及生理指标与胸径和树高的相关性 ···································· 75
    4.7.1 胡杨异形叶形态结构及生理指标与胸径和树高的相关性 ······················· 75
    4.7.2 灰杨异形叶形态结构及生理指标与胸径和树高的相关性 ······················· 77
4.8 小结与讨论 ·················································································· 79
    4.8.1 异形叶形态结构随胸径和树高变化的生物学意义 ································ 79
    4.8.2 异形叶光合能力随胸径和树高变化的生物学意义 ································ 79
    4.8.3 异形叶水分利用效率随胸径和树高变化的生物学意义 ·························· 80
    4.8.4 异形叶渗透调节物质含量随胸径和树高变化的生物学意义 ···················· 81
主要参考文献 ······················································································ 81

**第 5 章 异形叶及当年生茎形态特征与个体发育阶段的关系** ···························· 84
5.1 研究方法 ····················································································· 84
    5.1.1 研究区概况 ············································································ 84
    5.1.2 试验设计 ··············································································· 84
    5.1.3 采样方法 ··············································································· 84
    5.1.4 茎叶和花芽形态指标测定方法 ····················································· 85
    5.1.5 数据统计分析方法 ··································································· 85
5.2 当年生茎形态随径阶和树冠层次的变化规律 ············································· 85
    5.2.1 胡杨当年生茎形态随径阶和树冠层次的变化规律 ······························· 85
    5.2.2 灰杨当年生茎形态随径阶和树冠层次的变化规律 ······························· 86
5.3 每枝叶片数随径阶和树冠层次的变化规律 ················································ 87
    5.3.1 胡杨每枝叶片数随径阶和树冠层次的变化规律 ·································· 87
    5.3.2 灰杨每枝叶片数随径阶和树冠层次的变化规律 ·································· 88
5.4 每枝花芽数随径阶和树冠层次的变化规律 ················································ 88
    5.4.1 胡杨每枝花芽数随径阶和树冠层次的变化规律 ·································· 88
    5.4.2 灰杨每枝花芽数随径阶和树冠层次的变化规律 ·································· 90
5.5 茎叶及花芽形态变化与胸径和冠高的关系 ················································ 92
    5.5.1 胡杨茎叶及花芽形态变化与胸径和冠高的关系 ·································· 92
    5.5.2 灰杨茎叶及花芽形态变化与胸径和冠高的关系 ·································· 93
5.6 小结与讨论 ·················································································· 94
    5.6.1 当年生茎、叶和花芽形态变化与个体发育阶段的关系 ·························· 94
    5.6.2 异形叶及当年生茎形态变化与植株阶段转变的关系 ···························· 95
主要参考文献 ······················································································ 95

## 第 6 章　异形叶及当年生茎生理生化特性与个体发育阶段的关系 ·············· 97
### 6.1　研究方法 ·············· 97
#### 6.1.1　研究区概况 ·············· 97
#### 6.1.2　试验设计 ·············· 97
#### 6.1.3　采样方法 ·············· 98
#### 6.1.4　茎叶形态指标测定 ·············· 98
#### 6.1.5　茎叶生理生化指标测定 ·············· 98
#### 6.1.6　数据统计分析方法 ·············· 98
### 6.2　异形叶生理生化特性随径阶和树冠层次的变化规律 ·············· 99
#### 6.2.1　胡杨异形叶可溶性糖、淀粉和可溶性蛋白含量变化规律 ·············· 99
#### 6.2.2　灰杨异形叶可溶性糖、淀粉和可溶性蛋白含量变化规律 ·············· 100
### 6.3　当年生茎生理生化特性随径阶和树冠层次的变化规律 ·············· 102
#### 6.3.1　胡杨当年生茎可溶性糖、淀粉和可溶性蛋白含量变化规律 ·············· 102
#### 6.3.2　灰杨当年生茎可溶性糖、淀粉和可溶性蛋白含量变化规律 ·············· 103
### 6.4　茎叶生理生化指标与胸径和冠高的相关性 ·············· 105
#### 6.4.1　胡杨茎叶生理生化指标与胸径和冠高的相关性 ·············· 105
#### 6.4.2　灰杨茎叶生理生化指标与胸径和冠高的相关性 ·············· 105
### 6.5　茎叶形态指标与生理生化指标的相关性 ·············· 106
#### 6.5.1　胡杨茎叶形态指标与生理生化指标的相关性 ·············· 106
#### 6.5.2　灰杨茎叶形态指标与生理生化指标的相关性 ·············· 106
### 6.6　茎叶生理生化指标与每枝花芽数的相关性 ·············· 107
#### 6.6.1　胡杨茎叶生理生化指标与每枝花芽数的相关性 ·············· 107
#### 6.6.2　灰杨茎叶生理生化指标与每枝花芽数的相关性 ·············· 107
### 6.7　小结与讨论 ·············· 108
#### 6.7.1　异形叶和当年生茎生理生化特性随个体发育阶段的变化特点 ·············· 108
#### 6.7.2　异形叶和当年生茎生理生化特性与成花能力的关系 ·············· 109
### 主要参考文献 ·············· 109

## 第 7 章　异形叶及当年生茎养分含量与个体发育阶段的关系 ·············· 111
### 7.1　研究方法 ·············· 111
#### 7.1.1　研究区概况 ·············· 111
#### 7.1.2　试验设计 ·············· 111
#### 7.1.3　采样方法 ·············· 111
#### 7.1.4　茎叶形态测定方法 ·············· 112
#### 7.1.5　茎叶养分含量测定方法 ·············· 112
#### 7.1.6　数据统计分析方法 ·············· 112
### 7.2　异形叶养分含量随径阶和树冠层次的变化规律 ·············· 113
#### 7.2.1　胡杨异形叶养分含量随径阶和树冠层次的变化规律 ·············· 113
#### 7.2.2　灰杨异形叶养分含量随径阶和树冠层次的变化规律 ·············· 115
### 7.3　当年生茎养分含量随径阶和树冠层次的变化规律 ·············· 117
#### 7.3.1　胡杨当年生茎养分含量随径阶和树冠层次的变化规律 ·············· 117
#### 7.3.2　灰杨当年生茎养分含量随径阶和树冠层次的变化规律 ·············· 119

7.4 当年生茎和异形叶养分含量与胸径和冠高的相关性 ·········································· 122
    7.4.1 胡杨当年生茎和异形叶养分含量与胸径和冠高的相关性 ························ 122
    7.4.2 灰杨当年生茎和异形叶养分含量与胸径和冠高的相关性 ························ 122
7.5 茎叶养分含量与茎叶形态指标的相关性 ············································· 122
    7.5.1 胡杨茎叶养分含量与茎叶形态指标的相关性 ······································· 122
    7.5.2 灰杨茎叶养分含量与茎叶形态指标的相关性 ······································· 123
7.6 每枝花芽数与茎叶养分含量的相关性 ················································· 124
    7.6.1 胡杨每枝花芽数与茎叶养分含量的相关性 ········································ 124
    7.6.2 灰杨每枝花芽数与茎叶养分含量的相关性 ········································ 124
7.7 小结与讨论 ···················································································· 125
    7.7.1 异形叶及当年生茎养分含量随个体发育阶段变化的特点 ························ 125
    7.7.2 异形叶及当年生茎养分含量与生殖生长的关系 ···································· 126
主要参考文献 ························································································ 126

# 第 8 章 异形叶及当年生茎激素含量与个体发育阶段的关系 ··························· 128
8.1 研究方法 ······················································································· 128
    8.1.1 研究区概况 ············································································ 128
    8.1.2 试验设计 ··············································································· 128
    8.1.3 采样方法 ··············································································· 129
    8.1.4 茎叶形态测定方法 ··································································· 129
    8.1.5 茎叶内源激素含量测定方法 ······················································· 129
    8.1.6 数据统计分析方法 ··································································· 129
8.2 异形叶内源激素含量及其比值随径阶和树冠层次的变化规律 ··················· 130
    8.2.1 胡杨异形叶内源激素含量及其比值随径阶和树冠层次的变化规律 ··· 130
    8.2.2 灰杨异形叶内源激素含量及其比值随径阶和树冠层次的变化规律 ··· 134
8.3 当年生茎内源激素含量及其比值随径阶和树冠层次的变化规律 ················ 138
    8.3.1 胡杨当年生茎内源激素含量及其比值随径阶和树冠层次的变化规律
        ···························································································· 138
    8.3.2 灰杨当年生茎内源激素含量及其比值随径阶和树冠层次的变化规律
        ···························································································· 142
8.4 茎叶内源激素含量及其比值与胸径和冠高的相关性 ································ 146
    8.4.1 胡杨茎叶内源激素含量及其比值与胸径和冠高的相关性 ·················· 146
    8.4.2 灰杨茎叶内源激素含量及其比值与胸径和冠高的相关性 ·················· 147
8.5 茎叶内源激素含量与茎叶形态指标的相关性 ·········································· 148
    8.5.1 胡杨茎叶内源激素含量与茎叶形态指标的相关性 ····························· 148
    8.5.2 灰杨茎叶内源激素含量与茎叶形态指标的相关性 ····························· 149
8.6 每枝花芽数与茎叶内源激素含量及其比值的相关性 ································ 149
    8.6.1 胡杨每枝花芽数与茎叶内源激素含量及其比值的相关性 ·················· 149
    8.6.2 灰杨每枝花芽数与茎叶内源激素含量及其比值的相关性 ·················· 150
8.7 小结与讨论 ···················································································· 151
    8.7.1 异形叶及当年生茎内源激素含量随个体发育阶段的变化特点 ············· 151
    8.7.2 异形叶及当年生茎内源激素水平与植株阶段转变的关系 ·················· 151

主要参考文献 152

## 第9章 异形叶展叶物候与个体发育阶段的关系 154
### 9.1 研究方法 154
#### 9.1.1 研究区概况 154
#### 9.1.2 试验设计 155
#### 9.1.3 采样方法 155
#### 9.1.4 展叶物候观测方法 155
#### 9.1.5 当年生茎形态指标测定方法 155
#### 9.1.6 数据统计分析方法 155
### 9.2 胡杨不同发育阶段当年生茎的形态特征 156
#### 9.2.1 当年生茎长度随个体发育阶段和树冠层次的变化规律 156
#### 9.2.2 每枝叶片数随个体发育阶段和树冠层次的变化规律 156
#### 9.2.3 叶形指数随个体发育阶段和树冠层次的变化规律 157
#### 9.2.4 每枝叶面积随个体发育阶段和树冠层次的变化规律 158
#### 9.2.5 每枝叶片干重随个体发育阶段和树冠层次的变化规律 159
### 9.3 胡杨异形叶展叶物候及出叶周期 159
#### 9.3.1 异形叶展叶物候变化特点 159
#### 9.3.2 异形叶出叶周期变化特点 161
### 9.4 胡杨出叶周期与当年生茎和叶形态指标的相关性 161
### 9.5 小结与讨论 162
#### 9.5.1 胡杨不同发育阶段枝芽的生长特性 162
#### 9.5.2 胡杨不同发育阶段展叶物候及展叶格局 162
#### 9.5.3 胡杨不同发育阶段出叶周期与枝芽生长特性的关系 163
主要参考文献 163

# 第1章 概　　述

## 1.1 胡杨和灰杨概述

### 1.1.1 分类地位

胡杨（*Populus euphratica* Oliv.）和灰杨（*Populus pruinosa* Schrenk，也称灰胡杨、灰叶胡杨）隶属于杨柳科杨属。胡杨在植物分类学上定名于1801年。植物学家Guillaume-Autoine Olivier将新发现的一种杨树定名为*Populus euphratica*。国际杨树委员会认为，胡杨派只有一个种，即*Populus euphratica* Oliv.，其他属于同物异名，或不宜独立划分为种，涉及的名称有*Populus diversifolia*、*Populus ariana*、*Populus mauritanica*、*Populus bonnetiana*、*Populus litwinowiana*、*Populus glaucicomans*、*Populus illicitana*、*Populus pruinosa*、*Populus ilicifolia*、*Populus denhardtiorum*（王世绩，1996；王世绩等，1995）。中国的杨树分类学家倾向于胡杨派包含胡杨（*Populus euphratica*）和灰杨（*Populus pruinosa*）两个种的划分（中国科学院中国植物志编辑委员会，1984）。

### 1.1.2 地理分布

胡杨天然林存在于欧洲、亚洲、非洲大陆，分布于中国、蒙古、哈萨克斯坦、吉尔吉斯斯坦、乌兹别克斯坦、土库曼斯坦、塔吉克斯坦、巴基斯坦、阿富汗、印度、伊朗、伊拉克、叙利亚、以色列、土耳其、埃及、利比亚、阿尔及利亚、摩洛哥和西班牙（王世绩，1996；王世绩等，1995）。除此之外，在巴勒斯坦、约旦也有胡杨天然林分布，分布地海拔250～2400m（赵能等，2009）。

世界胡杨林面积648 719hm$^2$（表1-1）。其中，中国胡杨林面积占世界胡杨林面积的60.9%，中亚胡杨林面积占世界胡杨林总面积的30.8%，伊朗、伊拉克、叙利亚、土耳其、巴基斯坦的胡杨林面积合计占世界胡杨林总面积的8.2%（王世绩，1996）。

表1-1　各国胡杨林的分布面积（王世绩，1996）

| 地区 | 面积/hm$^2$ | 占世界胡杨林总面积的比例/% |
| --- | --- | --- |
| 中国 | 395 200 | 60.9 |
| 苏联（中亚部分） | 200 000 | 30.8 |
| 伊朗 | 20 000 | 3.1 |
| 伊拉克 | 20 000 | 3.1 |
| 叙利亚 | 5 818 | 0.9 |
| 土耳其 | 4 900 | 0.8 |

续表

| 地区 | 面积/hm² | 占世界胡杨林总面积的比例/% |
|---|---|---|
| 巴基斯坦 | 2 800 | 0.4 |
| 西班牙 | <1.0 | — |
| 总计 | 648 719 | 100 |

在中国，胡杨主要分布在新疆，新疆胡杨林面积约 36 万 hm²，约占中国胡杨林总面积的 91.1%；在内蒙古西部和甘肃西部，胡杨林面积 3.5 万 hm²，占中国胡杨林总面积的 8.9%；在宁夏、青海，胡杨仅有零星分布（表 1-2）（王世绩，1996；魏庆莒，1990）。

表1-2　中国各地区胡杨的分布面积（王世绩，1996）

| 地区 | 面积/hm² | 占中国胡杨林总面积的比例/% |
|---|---|---|
| 新疆南部（塔里木盆地） | 352 200 | 89.1 |
| 新疆北部（准格尔盆地） | 8 000 | 2.0 |
| 内蒙古西部 | 20 000 | 5.1 |
| 甘肃西部 | 15 000 | 3.8 |
| 青海和宁夏 | 零星分布 | — |
| 总计 | 395 200 | 100 |

在新疆，胡杨分布于北纬 36°～47°、东经 82°～96°之间的广大地区，主要集中在塔里木河、叶尔羌河、喀什河沿岸（新疆植物志编辑委员会，1992）。塔里木盆地胡杨林面积约 35.2 万 hm²，约占中国胡杨林总面积的 89.1%，是世界上最大的胡杨林（王世绩，1996）。

灰杨主要分布于中亚和伊朗，在中国仅分布在新疆（新疆植物志编辑委员会，1992）。在新疆，灰杨主要分布于塔里木盆地西南部，集中分布在北纬 37°～41°、东经 75°～82°之间的叶尔羌河、喀什河及和田河沿岸；此外，灰杨向东分布到东经 86°，南抵若羌瓦石峡之西，北达达坂城白杨河出山口，也少量分布于伊犁河谷。灰杨在叶尔羌河分布于海拔 800～1100m，最高分布于 1300～1400m，在海拔 1028～1394m 的区域，水平和垂直分布范围都很狭窄，在塔里木盆地的分布区域也远远小于胡杨（新疆植物志编辑委员会，1992；陆平等，1990；魏庆莒，1990）。和田河下游是灰杨分布最集中的区域，和田河下游与叶尔羌河下游的灰杨河岸林是欧亚大陆面积最大的灰杨林（陆平等，1990；魏庆莒，1990）。

### 1.1.3　生物学特性

胡杨为落叶乔木，高 10～20m，树冠开展。树皮厚，纵裂，为淡灰褐色。小枝灰绿色，幼时被毛。幼树及茎基部萌条枝的叶为条形或披针形，披针形叶全缘或疏生锯齿；成熟植株除了有条形叶，还有披针形叶、卵形叶及阔卵形叶，卵形叶及阔卵形叶有锯齿；叶柄长 2～4cm。果序长达 9cm；果为蒴果，长卵圆形，无毛。花期 3～4 月，果期 7～8 月。种子细小，黄褐色或淡棕褐色，倒卵形种子基部着生白色丝状冠毛（李志军等，2019；周正立等，2005；李志军等，2003；王世绩，1996；新疆植物志编辑委员会，1992；陆平等，1990；

魏庆莒，1990）。

灰杨为落叶乔木，树冠开展。树皮淡灰黄色，深裂。小枝、萌条枝密被灰色短绒毛。萌枝叶长椭圆形，叶两面被灰绒毛；短枝叶阔卵形，全缘或先端具 2～3 疏齿，叶两面密被绒毛呈灰蓝色；叶柄较长。果序长 5～6cm；花序轴、果柄及蒴果均密被绒毛；果长卵圆形。花期 3～4 月，果期 7～8 月（新疆植物志编辑委员会，1992）。种子小，红褐色，长圆形，基部稍尖，先端钝，种子基部着生白色丝状冠毛（周正立等，2005；李志军等，2003；新疆植物志编辑委员会，1992；王烨，1991；魏庆莒，1990；胡文康和张立运，1990）。

胡杨具有异形叶性的生物学特性（黄文娟等，2010a，2010b；魏庆莒，1990），表现为幼苗阶段只有条形叶，成年植株有条形叶、披针形叶、卵形叶和阔卵形叶，所以胡杨有"异叶胡杨"之称。灰杨也具有异形叶性的生物学特性，表现为幼苗阶段只有长椭圆形叶，成年植株有长椭圆形叶、圆形叶和阔卵形叶（刘帅飞等，2016；魏庆莒，1990）。

## 1.1.4 生态学特性

### 1.1.4.1 胡杨生态学特性

从系统发育的历史来看，胡杨系地中海—亚洲中部成分，是新疆荒漠中古地中海的典型代表。它受古地中海干热气候的影响，形成了喜光抗热、能忍受一定低温、抗大气干旱和抗风沙、耐盐碱、要求沙质土壤等适应荒漠条件的生物生态学特性（陆平等，1990）。

**1）喜光、强阳性的特性**

在自然状态下，胡杨树冠疏阔，要求较大的空间。苗期能在全光照下生长，而在郁闭度大、光照弱的条件下生长不良。胡杨在幼年阶段树高和胸径随着郁闭度的增加而递减，幼树枯木量则随之增加。胡杨趋光性很强，其生长随着光照条件而变化，树木主干向最强光方向生长，向阳面年轮宽，背阴面的年轮窄。胡杨分布现状表明，在光能充沛、太阳辐射量 135～150kcal/（$cm^2·a$）的地区胡杨能大片成林（王世绩等，1995；陆平等，1990）。

**2）喜温暖、能耐一定寒冷的特性**

胡杨适应于≥10℃积温 2000～4500℃的温带荒漠气候，在≥10℃积温 4000℃以上的暖温带生长最旺盛。胡杨对温度大幅度变化的适应能力很强，能在年平均气温 5～13℃、极端最高气温 40～45℃、极端最低气温-40℃的盆地和扇缘带生长（王世绩等，1995；陆平等，1990）。

**3）耐盐力强但并非盐生树种的特性**

胡杨之所以耐盐碱，一是能分泌盐碱，二是树体（即树干、树皮、叶、根）含盐量很高。胡杨树体内含有很多盐分，说明胡杨在个体发育过程中从土壤中吸收了大量的可溶性盐类。由于胡杨各个营养器官组织中盐分聚集和增加，使其细胞液渗透压也相对增加，特别是根细胞渗透压的增加，增强了胡杨的耐盐性和抗旱性（王世绩等，1995；魏庆莒，1990）。

胡杨能耐盐，但在不同发育阶段对盐分的反应不同。胡杨在种子萌发至幼苗期具有很强的吸水能力,较弱的吸盐能力。当土壤可溶性盐总量大于 0.5%时,胡杨种子萌发受抑制;当可溶性盐总量在 1%时,幼树生长不良;当可溶性盐总量在 2%以内时,成年树尚可正常生长;当可溶性盐总量在 2%～5%时,成年树生长受到抑制(王世绩等,1995)。也有研究报道,除地表盐结皮外,土壤总盐量在 1%、$Cl^-$ 浓度在 0.2%以下时,胡杨大都生长良好;总盐量大于 3%、$Cl^-$ 浓度大于 0.7%时,胡杨生长受到抑制,出现枯梢现象;总盐量大于 5%、$Cl^-$ 浓度大于 1%时,胡杨根蘖萌发能力完全丧失,甚至大片死亡(魏庆莒,1990)。

**4)喜湿润能耐大气干旱的特性**

胡杨在幼苗阶段地上部分生长缓慢,地下根系迅速深入到土壤稳定的湿润层,以保证幼苗生长过程中的水分平衡。胡杨在成株阶段发育出庞大的扩散水平根系,从大范围的土壤中吸收水分(郑亚琼等,2013;李志军等,2003;张胜邦等,1996;王世绩等,1995;魏庆莒,1990)。通常,胡杨 50%以上的水分含在粗根中,树干组织内也含有多量水分。胡杨通过减少蒸腾或以其他特有的生理作用调节体内水分平衡,增强抗旱性(魏庆莒,1990)。

胡杨的异形叶和叶的革质化是值得注意的。胡杨幼苗时期,由于根系还没有充分发展,幼苗对土壤水分的吸收受到一定限制。这一时期它所具有的条形叶叶面积较小,对减少水分蒸腾和散失有一定作用。成年后,各类异形叶革质化,同样有利于减少蒸腾和耗水。胡杨叶为等面叶,叶片厚、栅栏组织发达,显示出胡杨的叶形结构适应荒漠干旱气候的生态学特征(李志军等,1996;王世绩等,1995;蒋进,1991;魏庆莒,1990)。

**5)抗沙埋耐腐蚀的特性**

胡杨有明显的主根,又有发达的水平侧根,这种独特的根系结构可使树体有较强的抗风作用。胡杨树干短粗、树冠稀疏、枝短叶稀、透风性强。因此,在各地胡杨林区内,除有些枯死的腐朽木外,很少看到风倒木。在沙漠前沿地带,流沙强烈移动,林内积沙逐年增加,生长在林缘的胡杨树干经常被沙漠所淹没,残留于沙丘上的树冠对流沙起到阻截作用。胡杨根蘖性强,可分蘖出许多植株,具有"一棵胡杨一大片"的特点,这种繁殖特点是胡杨天然更新的一种重要方式,也是胡杨能在干旱荒漠区遗留的一个重要原因。胡杨失水后遗留的枯立木很长时间仍屹立不倒,即使倒木也长时间不会腐烂,因此有"千年不死,千年不倒,千年不朽"之说,形容它生命力强、抗风耐腐蚀能力强(张胜邦等,1996;王世绩等,1995;魏庆莒,1990)。

## 1.1.4.2 灰杨生态学特性

灰杨和胡杨都是荒漠河岸林的建群种。灰杨系伊朗—亚洲中部成分,也是新疆荒漠古地中海植物发生的典型代表,是由上新世发展而来的荒漠河岸林,它在荒漠中不能脱离潜水和径流水而生存,是典型的潜水旱中生植物(陆平等,1990)。灰杨的生态学特性主要表现在要求较高的热量、充足的潜水,但不能忍受较久的低温、强盐渍化和黏重土壤(王世绩等,1995;陆平等,1990)。

**1）喜光、强阳性特性**

灰杨是强阳性树种，从种子到裸地成林，要求在不遮阴条件下进行。因此，在林分中很难容忍其他乔木树种与其混生，在大树树荫下也少见有根蘖植株发生。分布在河湾的灰杨幼龄林、干材林中，基本上没有胡杨伴生，而在阶地生态条件差的林分中，因郁闭度低，胡杨相应增多，可占林分的20%~30%或更多（陆平等，1990）。

**2）喜温暖、能耐一定寒冷的特性**

灰杨喜高温，也能耐一定寒冷，它分布于暖温带的塔里木盆地，越过天山进入温带的准噶尔盆地则难以生存。灰杨林集中生长于叶尔羌河一带，这里太阳辐射量为142~148kcal/($cm^2$·a)，日照时数达2700~2800h；年平均气温11.5~12℃，1月平均气温-7.6℃，极端最低气温-19.1℃，7月平均气温26℃，极端最高气温42℃，≥10℃积温4159~4368℃，这可能是灰杨适宜生长的光照和气温（陆平等，1990）。

**3）喜沙壤土的特性**

灰杨喜生于比较肥沃的沙壤土上。在此种类型土壤上，灰杨一般长势较好，如35年生的灰杨林，郁闭度0.6，平均树高13m，最高达15m，平均胸径24cm，密度可达700株/$hm^2$。灰杨不宜在黏土上生长，在地形一致的条件下，若局部土壤质地不同，生长差异也较大（陆平等，1990）。

**4）能耐一定盐碱的特性**

灰杨耐盐碱，但忍耐盐碱的能力不及胡杨。从叶尔羌河河漫滩至干河床，土壤盐生态系列是非盐化土—轻盐化土—中盐化土—强盐化土，灰杨在非盐化土—轻盐化土条件下数量居多、生长最好，多形成纯林；在中盐化土条件下，灰杨数量减少，胡杨相应增加；在强盐化土条件下则为胡杨纯林。在1m土层，总盐量超过2%~3%时，灰杨长势极差且大部分枯死。灰杨幼苗和幼树耐盐碱性较胡杨差，只能忍受轻度土壤盐渍化，1m土层盐分超过1%时不易成苗，幼树也大都枯萎（陆平等，1990）。

**5）喜湿润能耐大气干旱的特性**

灰杨林分布范围的地貌显示，灰杨比胡杨更喜土壤湿润，不能在干河床上生长，常在河水漫溢的河滩上成为纯林，在地下水位1~3m土壤上生长比胡杨快、通直、繁茂。在阶地上，随地下水位下降，灰杨生长减慢，10年生平均树高4m，树龄30年后衰老，枯梢枯枝增多，心材变成棕黄色，逐渐中空。

灰杨长期生活在降雨极少（降雨量为41~46mm）、蒸发量大（相当于降水量的50倍以上）、空气相对湿度在40%以下的干旱荒漠区，形成了适应大气干旱的形态结构和生理特征。例如，叶具白色绒毛，角质层发达；叶表皮气孔下陷，上表皮气孔密度为8.8个/$\mu m^2$，下表皮气孔密度为9.7个/$\mu m^2$；上表皮气孔大小为28.2$\mu m$×5.3$\mu m$，下表皮气孔大小为28.0$\mu m$×5.0$\mu m$（陆平等，1990）。灰杨叶片中黏液细胞数量多于胡杨，尤其是叶片下皮层细胞及部分栅栏组织细胞可成为黏液细胞，故叶片具较高的保水能力（李志军等，1996）。

## 1.2 植物异形叶性研究进展

自然界中大多数植物的同一植株上叶的形态基本一致。但也有不少植物,因生育时期的不同或环境条件的变化而出现不同形态的叶,这种现象被称为植物的异形叶性(Heterophylly),不同形态的叶称为异形叶(白书农,2003;赵良田和孙全根,1989)。国内外关于植物异形叶性的研究聚焦在异形叶性的起因及异形叶的功能和意义等方面。

最典型的环境诱导异形叶发生的现象,从水生蕨类 [蘋(*Marsilea quadrifolia*)](Lindermayr et al.,2005)到被子植物都能看到(Goliber and Feldman,1990)。Kuwabara 等(2008)对水生植物小红莓(*Ludwigia arcuata*)异形叶形成过程的研究发现,窄叶在潜水的环境中生成,圆形叶在空气环境中生成。Kuwabara 等(2003)还观测到小红莓沉水叶的形成由乙烯调控,挺水叶的形成由脱落酸(abscisic acid,ABA)调控,从沉水叶到挺水叶的转变,脱落酸的响应作为一个决定叶片发展阶段的内在因素而被发现,脱落酸与乙烯以一种对抗性的形式相互作用(Kuwabara and Nagata,2006;Kuwabara et al.,2003)。小红莓的异形叶性是叶片横切面上表皮细胞数目的变化引起的,这意味着细胞分化与这个过程密切相关(Kuwabara et al.,2008)。许多其他植物异形叶形态的改变被归因于细胞延伸上的改变(Kuwabara and Nagata,2002)。在植物发展过程中,叶片的变化是相当灵活的,其细胞学和分子学机制尚不清楚。

与植物发育阶段相关的异形叶性国内外研究报道相对较少。桃金娘科桉树属蓝桉(*Eucalyptus globulus*),其种子萌发成幼苗的初生叶和幼年植株上的叶形为背腹扁平的椭圆形,成年植株的叶形都是两侧扁平的披针形;在蓼科、毛茛科、罂粟科、唇形科、菊科、十字花科等草本植物中,基生叶和茎生叶叶形不一样,是一种较普遍的不同生育时期的异形叶性(赵良田和孙全根,1989)。

异形叶形态结构与生理功能研究是植物异形叶性的研究热点。对水生植物菱(*Trapa bispinosa*)沉水叶和浮水叶光合特性的研究显示,无论是生理生化、光化学反应活性还是光谱特性等,浮水叶的功能型性状强于沉水叶,可能是两种形态的叶对各自所处生态环境适应的结果(刘少华等,2002)。对欧亚萍蓬草(*Nuphar luteum*)沉水叶、浮水叶和挺水叶叶绿体超微结构、色素含量和 PSII 工作效率的比较研究表明,欧亚萍蓬草异形叶光合机构的高表型可塑性保证了在不同的自然环境中尤其是在不同的光照强度下光合作用过程的有效性(Kordyum and Klimenko,2013)。桃金娘科 *Melaleuca cajuputi* 在淹水情况下能增加其干重、芽长和叶的数量,其在水下发育出的异形"水生叶"是为改善从水中吸收气体的适应性的表现。白千层茎叶的细胞间隙似乎是裂生的通气组织,淹水幼苗比非淹水幼苗茎叶的细胞间隙发达,有利于气体交换(Tanaka et al.,2011)。这些研究阐明了环境条件对异形叶功能的影响。

有研究报道,大多数臭柏(*Sabina vulgaris*,又名沙地柏、叉子圆柏)幼苗只有针叶一种叶形,而成熟个体则具有针叶和鳞叶两种叶形。臭柏的针叶和鳞叶在植株上的分布和数量随树龄和水分条件而变化(王林和等,2011),其鳞叶忍耐干旱的能力较强(张金玲等,2017)。对臭柏稳定碳同位素组成和光合特性的研究表明,臭柏鳞叶更注重水分的有效利用,在干旱强光条件占优势,而针叶更注重光能的最佳利用,在湿润弱光条件占优势(何维明和张新时，2001）。针叶由于具有低的光补偿点和暗呼吸速率，往往呈现在冠层内部或光线较弱的苗期等有光线限制的条件下，以便最大限度地提高其光合生产，而鳞叶由于其较高的单位面积的光合速率、光抑制耐受性和较高的水分利用效率，往往分布在冠层表面，表现为植株不同部位的异形叶其功能型性状不同（Tanaka-Oda et al.，2010）。银杏（*Ginkgo biloba*）长枝上的叶自下而上渐次为扇形、三角形，其短枝叶和长枝叶的结构和生理特征明显不同，短枝叶和长枝叶生理性能的差异与它们不同的个体发育阶段和结构相对应（Leigh et al.，2011）。有人通过对拟南芥 *amp*1 和 *paused*（*psd*）突变体的分析提出，拟南芥叶形变化（基生叶和茎生叶叶形不一致）是由时间（年龄）来决定的，而不是由植株的体积来决定的（白书农，2003），即年龄信息影响叶的形态，与位置信息无关（李富恒等，2009）。这些研究提示，异形叶的生理功能与个体发育阶段及异形叶空间分布有关。

## 1.3　胡杨、灰杨异形叶性研究进展

### 1.3.1　异形叶形态解剖学研究进展

叶片作为植物进行光合作用和呼吸作用的主要器官，与周围环境联系紧密，是植物体暴露于大气环境中面积最大的器官，对环境因子（如水分、温度、光照等）的变化敏感、可塑性大，随环境变化叶片往往表现出叶外部形态、叶片厚度及内部解剖结构的差异（王勋陵和王静，1989）。因此，植物叶片形态结构能反映环境因子的影响，以及植物自身对环境的适应。结构是功能的基础，植物体结构的差异和变化将会影响其生理功能。研究叶片形态解剖学不仅可以揭示环境变化对植物的影响和植物对环境的适应性，而且可为叶片生理生态功能研究奠定基础（李正理，1981）。

关于胡杨、灰杨异形叶的形态解剖学研究主要集中在对同一个体不同异形叶形态结构的比较研究或对不同发育阶段异形叶形态结构的比较研究，以阐明异形叶形态结构的差异与生态适应的关系。胡杨叶片覆盖蜡质但无表皮毛，上下表皮气孔存在开放程度不均一的现象，且下表皮气孔较上表皮气孔下陷程度深（丁伟等，2010；杨树德等，2005）。胡杨同一个体上，从披针形叶到阔卵形叶，叶片表皮细胞层数增多，叶肉细胞排列更紧密，且叶肉组织中有更多的黏液细胞；叶片的栅栏组织趋于发达，海绵组织减少，角质层加厚，气孔下陷；线粒体逐渐增多；叶绿体的形状由规则的纺锤形逐渐变为不规则的圆形或椭圆形，淀粉含量变少，类囊体结构的有序度降低、结构模糊、液泡中的泡状物质增多；叶脉中维管组织趋于发达，结构上明显趋于旱生结构（丁伟等，2010；Zheng et al.，2007；Li and Zheng，2005；杨树德等，2005）。研究认为，胡杨同一个体上的阔卵形叶较卵形、披针形叶旱生结构更发达（杨树德等，2005；Wang et al.，1998）。

胡杨不同发育阶段叶片形态解剖结构的比较研究表明，叶片厚、栅栏组织厚与胸径和树冠高度显著正相关（赵鹏宇等，2016）；叶面积、厚度和干重与胸径呈极显著正相关（$P<0.01$），叶片干物质含量与胸径呈显著正相关（$P<0.05$），比叶面积与胸径呈极显著负相关（$P<0.01$）（黄文娟等，2010a，2010b），胡杨异形叶形态结构随胸径和树冠高度增加趋于更加明显的旱生结构特点。杨琼（2015）研究也发现，胡杨异形叶结构型性状（叶片含水

量、叶片生物量、叶片面积、叶片体积)和功能型性状(光合速率、呼吸速率、水分利用效率)会随叶片发育阶段而变化;同一发育时期,阔卵圆形叶较披针形叶具有更高的单叶叶片含水量、叶片生物量、叶片面积、叶片体积及叶柄生物量,分配于叶片结构型性状的资源也较披针形叶高。

### 1.3.2　异形叶光合生理研究进展

近年来,有较多的工作集中在胡杨不同异形叶间光合生理特性的比较研究。胡杨同一个体阔卵形叶、卵形叶和披针形叶的光合特性存在差异,阔卵形叶具有相对较强的耐高光强及耐高温能力,其光合特性高于卵形叶和披针形叶;阔卵形叶叶绿素 a 含量及总叶绿素含量也高于卵形叶和披针形叶(王海珍等,2011;白雪等,2011;Zheng et al.,2007;苏培玺等,2003)。披针形叶具有较高的 RuBP 羧化酶/PEP 羧化酶值和光呼吸强度,以及较低的稳定碳同位素比值($δ^{13}C$),表明其碳同化途径更接近典型的 $C_3$ 途径,而阔卵形叶较披针形叶具有更多 $C_4$ 途径的特征(杨树德等,2005;Wang et al.,1998),阔卵形叶被认为比披针形叶更能耐大气干旱,具有较高的净光合速率和水分利用效率(刘晓晴等,2014;王海珍等,2014;白雪等,2011;苏培玺和严巧娣,2008;马剑英等,2007;郑彩霞等,2006;邱箭等,2005)。初步说明,胡杨同一个体异形叶的功能存在差异。

胡杨异形叶生理功能受环境条件的影响。在不同干旱程度样地中,胡杨阔卵形叶、卵形叶和披针形叶的净光合速率、蒸腾速率、气孔导度、胞间 $CO_2$ 浓度日变化均值在各测定时间点的大小均为卵形叶>阔卵形叶>披针形叶,净光合速率、气孔导度、胞间 $CO_2$ 浓度日变化最大值均为低度干旱样地>中度干旱样地>高度干旱样地,阔卵形叶和卵形叶忍受环境胁迫的强度高于披针形叶(陈黎等,2014)。初步说明,在不同地下水位条件下,胡杨同一类型的异形叶通过调整其光合水分利用效率来适应水分条件的变化。

胡杨异形叶发育过程中,其净光合速率、呼吸速率、水分利用效率等功能型性状会随叶片发育阶段变化;同一发育时期,阔卵形叶具有更高的光捕获能力,且阔卵形叶较披针形叶具有更高的呼吸速率和水分利用效率(杨琼,2015);最大荧光($F_m$)、可变荧光($F_v$)/$F_m$ 和 $F_v$/初始荧光($F_0$)在幼叶时披针形叶最低,在成熟叶时卵形叶最低,幼叶自由水含量与 $F_v$/$F_m$ 和 $F_v$/$F_0$ 显著相关,成熟叶总含水量与 $F_v$/$F_m$ 和 $F_v$/$F_0$ 显著相关(Hao et al.,2011)。研究表明,胡杨阔卵形叶、卵形叶、披针形叶的功能型性状在其叶片个体发育过程存在差异。

### 1.3.3　异形叶水分生理研究进展

植物水势反映土壤、植被和大气条件对植物体内水分可利用性的综合影响,其高低表明植物从土壤中吸收水分以确保其正常生理活动进行的能力。叶水势代表植物水分运动的能量水平,反映植物组织水分状况,是衡量植物抗旱性的一个重要生理指标(黄子琛和沈渭寿,2000;王沙生等,1990;孙鸿乔,1985)。

对胡杨异形叶水势的研究表明,胡杨同一个体树冠上部的阔卵形叶水势低于树冠下部的披针形叶水势（司建华等，2005）；阔卵形叶、披针形叶水势与气温、地下水埋深存在显著的相关关系（付爱红等，2008）。在不同的个体发育阶段，胡杨幼树叶片含水量和束缚水含量按披针形叶、阔卵形叶、卵形叶的顺序依次降低；成年树的叶片含水量和束缚水含量均以阔卵形叶最高，卵形叶最低；幼树 3 种异形叶的叶片含水量均高于成年树，成年树 3 种异形叶的叶片自由水含量则较幼树高（郝建卿等，2010）。在相同条件下，阔卵形叶所在枝条的导水率高于披针形叶所在枝条的导水率，同时阔卵形叶所在枝条的体积弹性模量是披针形叶所在枝条的 3.6 倍（李小琴等，2014；付爱红等，2008）。在干旱环境下，阔卵形叶保持正常膨压的能力较披针形叶强，表明阔卵形叶有较强的保水能力，以满足位于树冠顶部的阔卵形叶对水分的需求（白雪等，2011）。有研究认为，胡杨阔卵形叶所在枝条导水力受环境扰动较小，而披针形叶所在枝条导水力的稳定性较低，推测可能与枝条结构及其叶片的弹性模量及保水能力有关（白雪等，2011）。

叶片水分利用效率和稳定碳同位素比值是衡量植物水分利用效率的两个重要指标，特别是稳定碳同位素比值，它被用来衡量植物长期的水分利用效率。有研究指出，胡杨阔卵形叶的水分利用效率高于披针形叶，且阔卵形叶所在枝条的导水性和导水率要比披针形叶所在枝条的高。将成年胡杨卵形叶所在枝条和披针形叶所在枝条拉至同一高度测定活体水分利用效率发现，卵形叶水分利用效率明显高于披针形叶，且随光强增大，两者间的差异增大（苏培玺等，2003）。在目前大气 $CO_2$ 浓度条件下，当大气 $CO_2$ 浓度加富后，阔卵形叶、卵形叶及披针形叶的水分利用效率都有不同程度的提高，以卵形叶最高，披针形叶最低（邱箭，2005）。上述研究表明，同一个体不同的异形叶或同一类型异形叶在不同水分条件下，阔卵形叶比披针形叶有更强的水分利用能力和抗旱能力，以及更强的对极端干旱环境的适应能力。

## 1.3.4 异形叶生理生化特性研究进展

植物进化过程中形成了复杂的机制来感知和适应水分亏缺。例如，植物可以通过最大限度地吸收水分，以减少水分损失或积累一些渗透调节物质来应对干旱带来的压力，从而避免自身水分缺失（Ma et al.，2014）。丙二醛通常用于评估氧化还原和渗透调节的状态，抗旱性强的植物丙二醛含量较低（Gómez-del-Campo et al.，2002），较低的丙二醛含量表现出更高的抗氧化能力（Apel and Hirt，2004）。研究表明，胡杨同一个体阔卵形叶与披针形叶 $Na^+$、$Cl^-$、$K^+$、$Ca^{2+}$ 的分布和含量不同，阔卵形叶较披针形叶含有更高浓度的可溶性糖和脯氨酸，而含甜菜碱较低；阔卵形叶液泡膜 $H^+$-ATPase 的活性也较披针形叶的高，约高 15.47%，表明无论是积累无机离子渗透调节物质的能力，还是积累有机渗透调节物质的能力，阔卵形叶均强于披针形叶（白雪等，2011；Zheng et al.，2007；杨灵丽，2006；杨树德等，2004）。胡杨阔叶的耐旱性强于狭叶，二者的耐旱方式存在差异，阔叶渗透物质含量高，忍耐低渗透势的能力强；狭叶主要通过高弹性的细胞壁维持细胞的膨压，忍耐低渗透势的能力不及阔叶。成熟胡杨无论是狭叶还是阔叶，主要的水分散失形式是气孔蒸腾，体内的水分平衡主要通过气孔来调节（余伟莅等，2009）。

同工酶是基因表达的次级反应，是同一生物不同个体、同一个体不同组织器官或生长发育的不同阶段存在的一系列功能相同，但结构略有差异的酶。细胞色素氧化酶（cytochrome oxidase，CYT）、酯酶（esterase，EST）和过氧化物酶（peroxidase，POD）同工酶是同工酶中极为重要的组成成分。CYT同工酶是呼吸代谢和能量代谢中一种重要的氧化酶，与植物的生长发育密切相关（舒孝顺和陈良碧，1999）；EST同工酶具有时间和组织特异性，存在于植物不同部位和不同发育时期的细胞中，其分布、数量和活性与植物体的生长发育存在密切关系（史学群等，2003）。POD同工酶参与植物体内许多生理代谢过程，具有器官组织特异性和相对稳定性，能反映植物的遗传特性（张丽，2004）。对胡杨5个发育阶段异形叶形态变化与CYT、EST同工酶酶谱关系的研究显示，同一单株不同树冠层次的异形叶CYT同工酶酶谱带类型基本一致，但不同层次CYT同工酶酶谱带的表达量存在差异。不同发育阶段异形叶CYT同工酶在质（酶带数和迁移率）和量（酶活性）的表达上各不相同；异形叶EST同工酶质和量的表达在同一单株不同树冠层及不同发育阶段的胡杨叶片中均有差异（王玉丽等，2012）。在各发育阶段，胡杨树冠不同层次的异形叶POD同工酶表达具有高度稳定性和相似性，酶谱带型基本一致，而各发育阶段胡杨异形叶POD同工酶酶谱在质和量上表现出不同程度的差异；异形叶POD酶活性与叶形指数极显著正相关（$r=0.668$，$P<0.01$）。说明胡杨异形叶POD酶活性与异形叶形态变化有一定关系（王玉丽等，2013）。

对胡杨4个不同发育阶段异形叶中吲哚乙酸（IAA）、脱落酸（ABA）、赤霉素（$GA_3$）、玉米素核苷（ZR）含量进行研究，发现胡杨异形叶中IAA含量、IAA/ABA值随树龄和树冠高度的增加呈降低的趋势，而ZR含量、ABA含量和$GA_3$/IAA值、ZR/IAA值随树龄和树冠高度的增加呈升高的趋势，异形叶$GA_3$/IAA值与叶形指数呈极显著负相关，与叶片宽度呈极显著正相关，说明胡杨叶形变化与$GA_3$/IAA值变化密切相关（李雁玲等，2017）。

### 1.3.5 异形叶空间分布研究进展

胡杨异形叶性的特点为幼苗到幼株阶段只有条形叶，成年植株上有披针形叶、卵形叶和阔卵形叶（魏庆莒，1990），披针形叶、卵形叶和阔卵形叶随胸径和树高的增加有规律地依次从树冠的顶部开始出现，随后沿树冠由顶部向基部依次增多（黄文娟等，2010a，2010b），各类异形叶数量和空间分布与个体发育阶段相关（李加好，2015）。灰杨异形叶性的特点是幼苗到幼株阶段为长阔椭圆形叶，成年植株上有圆形叶和阔卵形叶（魏庆莒，1990），圆形叶和阔卵形叶随胸径和树高的增加有规律地依次从树冠的顶部出现，随后沿树冠由顶部向基部依次增多，圆形叶、阔卵形叶出现频率和垂直空间分布区占树冠高度的比例均与胸径、树高呈极显著正相关。说明灰杨各类异形叶出现频率及时空变化与个体发育阶段密切相关（刘帅飞等，2016）。胡杨、灰杨各类异形叶在不同的发育阶段有规律地出现，可能与胡杨、灰杨不同发育阶段的生长适应策略有关。

目前，对胡杨异形叶性的认识尚不全面，更多的研究是阐明同一个体上不同异形叶在结构型性状、功能型性状、解剖结构及渗透调节能力等方面的差异。但各类异形叶为何出现在胡杨、灰杨个体发育的不同阶段，在各发育阶段的功能和意义尚不明晰。对这些问题的探究，对于理解胡杨、灰杨异形叶性与其生态适应的关系，揭示胡杨、灰杨抗逆机理和生态适应策略有重要意义。

## 主要参考文献

白书农. 2003. 植物发育生物学. 北京：北京大学出版社, 72-73.
白雪, 张淑静, 郑彩霞, 等. 2011. 胡杨多态叶光合和水分生理的比较. 北京林业大学学报, 33(6): 47-52.
陈黎, 周玲玲, 庄丽, 等. 2014. 塔里木河下游胡杨三种异形叶的光合特性研究. 北方园艺, (18): 88-93.
丁伟, 杨振华, 张世彪, 等. 2010. 青海柴达木地区野生胡杨叶的形态解剖学研究. 中国沙漠, 30(6): 1411-1414.
冯梅, 黄文娟, 李志军. 2014. 胡杨叶形变化与叶片养分间的关系. 生态学杂志, 33(6): 1467-1473.
付爱红, 陈亚宁, 李卫红. 2008. 新疆塔里木河下游胡杨不同叶形水势变化研究. 中国沙漠, 28(1): 83-88.
高瑞如, 黄培祐, 赵瑞华. 2004. 胡杨种子萌发及幼苗生长适应机制研究. 淮北煤炭师范学院学报(自然科学版), 25(2): 47-50.
郝建卿, 吕娜, 杨扬, 等. 2010. 内蒙乌海胡杨异形叶水分及叶绿素荧光参数的比较. 北京林业大学学报, 32(5): 41-44.
何维明, 张新时. 2001. 沙地柏叶型变化的生态意义. 云南植物研究, 23(4): 433-438.
胡文康, 张立运. 1990. 克里雅河下游荒漠河岸植被的历史、现状和前景. 干旱区地理, 13(1): 46-51.
华鹏. 2003. 胡杨实生苗在河漫滩自然发生和初期生长的研究. 新疆环境保护, 25(4): 14-17.
黄培祐. 1988. 荒漠区耐旱树种在异质生境中完成生活周期现象初探. 新疆大学学报(自然科学版), 5(4): 87-93.
黄培祐. 1990. 新疆荒漠区几种旱生树种自然分布的制约因素研究. 干旱区资源与环境, 4(1): 59-67.
黄培祐. 1991. 荒漠河岸胡杨林的生活周期对生境水条件的动态适应的研究. 新疆环境保护, 13(2): 5-10.
黄培祐. 2002. 干旱区免灌植被及其恢复. 北京：科学出版社, 86-93.
黄文娟, 李志军, 杨赵平, 等. 2010a. 胡杨异形叶结构型性状及其与胸径关系. 生态学杂志, 29(12): 2347-2352.
黄文娟, 李志军, 杨赵平, 等. 2010b. 胡杨异形叶结构型性状及其相互关系. 生态学报, 30(17): 4636-4642.
黄子琛, 沈渭寿. 2000. 干旱区植物的水分关系与耐旱性. 北京：中国环境科学出版社.
蒋进. 1991. 极端气候条件下胡杨的水分状况及其与环境的关系. 干旱区研究, (2): 35-38.
李富恒, 谭大海, 齐东来, 等. 2009. 植物发育中的位置信息. 东北农业大学学报, 40(2): 134-139.
李加好. 2015. 胡杨阶段转变过程中枝、叶和花芽形态数量变化及生理特征研究. 塔里木大学硕士学位论文.
李俊清, 卢琦, 褚建明, 等. 2009. 额济纳绿洲胡杨林研究. 北京：科学出版社, 63-71.
李利, 张希明, 何兴元. 2005. 胡杨种子萌发和胚根生长对环境因子变化的响应. 干旱区研究, 22(4): 520-525.
李小琴, 张小由, 刘晓晴, 等. 2014. 额济纳绿洲河岸胡杨(*Populus euphratica*)叶水势变化特征. 中国沙漠, 34(4): 712-717.
李雁玲, 张肖, 冯梅, 等. 2017. 胡杨(*Populus euphratica*)异形叶叶片内源激素特征研究. 塔里木大学学报, 29(3): 7-13.
李正理. 1981. 旱生植物的形态和结构. 生物学通报, (4): 11-14.
李志军, 焦培培, 郑亚琼, 等. 2019. 胡杨和灰杨繁殖生物学. 北京：科学出版社, 6-7.
李志军, 焦培培, 王玉丽, 等. 2011. 濒危物种灰叶胡杨的大孢子发生和雌配子体发育. 西北植物学报, 31(7): 1303-1309.

李志军, 焦培培, 周正立, 等. 2011. 胡杨横走侧根及不定芽发生的形态解剖学研究. 北京林业大学学报, 33(5): 42-48.

李志军, 焦培培, 周正立, 等. 2012. 灰叶胡杨根蘖繁殖的形态解剖学特征. 植物学报, 47(2): 133-140.

李志军, 刘建平, 于军, 等. 2003. 胡杨、灰叶胡杨生物生态学特性调查. 西北植物学报, 23(7): 1292-1296.

李志军, 罗青红, 伍维模, 等. 2009. 干旱胁迫对胡杨和灰叶胡杨光合作用及叶绿素荧光特性的影响. 干旱区研究, 26(1): 45-52.

李志军, 吕春霞, 段黄金. 1996. 胡杨和灰叶胡杨营养器官的解剖学研究. 塔里木农垦大学学报, 8(2): 21-25.

李志军, 于军, 徐崇志, 等. 2002. 胡杨、灰杨花粉成分及生活力的比较研究. 武汉植物学研究, 20(6): 453-456.

刘建平, 韩路, 龚卫江, 等. 2004a. 胡杨、灰叶胡杨光合、蒸腾作用比较研究. 塔里木农垦大学学报, 16(3): 1-6.

刘建平, 李志军, 何良荣, 等. 2004b. 胡杨、灰叶胡杨种子萌发期抗盐性的研究. 林业科学, 40(2): 165-169.

刘建平, 周正立, 李志军, 等. 2004c. 胡杨、灰叶胡杨花空间分布及数量特征研究. 植物研究, 24(3): 278-283.

刘建平, 周正立, 李志军, 等. 2004d. 胡杨、灰叶胡杨不同种源苗期生长动态研究. 新疆环境保护, 26(zk): 107-111.

刘建平, 周正立, 李志军, 等. 2005. 胡杨、灰叶胡杨果实空间分布及其数量特性的研究. 植物研究, 25(3): 336-343.

刘少华, 陈国祥, 杨艳华. 2002. 菱异形叶光合特性的比较. 南京师大学报(自然科学版), 25(1): 78-82.

刘帅飞, 焦培培, 李志军. 2016. 灰叶胡杨异形叶的类型及其时空特征. 干旱区研究, 33(5): 1098-1103.

刘晓晴, 常宗强, 马亚丽, 等. 2014. 胡杨(*Populus euphratica*)异形叶叶绿素荧光动力学. 中国沙漠, 34(3): 704-711.

陆平, 严赓雪, 张瑛山, 等. 1990. 新疆森林. 乌鲁木齐: 新疆人民出版社, 208-246.

罗青红, 李志军, 伍维模, 等. 2006. 胡杨、灰叶胡杨光合及叶绿素荧光特性的比较研究. 西北植物学报, 26(5): 983-988.

马剑英, 孙惠玲, 夏敦胜, 等. 2007. 塔里木盆地胡杨两种形态叶片碳同位素特征研究. 兰州大学学报(自然科学版), 43(4): 51-55.

买尔燕古丽·阿不都热合曼, 艾里西尔·库尔班, 阿迪力·阿不来提, 等. 2008. 塔里木河下游胡杨物候特征观测. 干旱区研究, 25(4): 524-532.

邱箭. 2005. 胡杨多态叶气孔与光合作用特性研究. 北京林业大学硕士学位论文.

邱箭, 郑彩霞, 于文鹏. 2005. 胡杨多态叶光合速率与荧光特性的比较研究. 吉林林业科技, 34(3): 19-21.

史学群, 刘国民, 徐立新, 等. 2003. 冬青属苦丁茶不同种质材料之过氧化物酶同工酶和酯酶同工酶研究初报. 贵州科学, 21(3): 46-50.

舒孝顺, 陈良碧. 1999. 低温敏感不育水稻育性敏感期细胞色素氧化酶活性. 内蒙古师大学报(自然科学汉文版), 28(1): 58-61.

司建华, 冯起, 张小由. 2005. 极端干旱区胡杨水势及影响因子研究. 中国沙漠, 25(4): 505-510.

苏培玺, 严巧娣. 2008. 内陆黑河流域植物稳定碳同位素变化及其指示意义. 生态学报, 28(4): 1616-1624.

苏培玺, 张立新, 杜明武, 等. 2003. 胡杨不同叶形光合特性、水分利用效率及其对加富 $CO_2$ 的响应. 植物生态学报, 27(1): 34-40.

孙鸿乔. 1985. 水势问题. 植物生理学通讯, 21(3): 48-53.

孙万忠. 1988. 和田河中下游地区的灰杨林. 干旱区地理, 11(1): 18-24.

王海珍, 韩路, 李志军, 等. 2009. 胡杨、灰叶胡杨蒸腾耗水规律初步研究. 干旱区资源与环境, 23(8): 186-189.

王海珍, 韩路, 徐雅丽, 等. 2011. 胡杨异形叶叶绿素荧光特性对高温的响应. 生态学报, 31(9): 2444-2453.

王海珍, 韩路, 徐雅丽, 等. 2014. 胡杨异形叶光合作用对光强与 $CO_2$ 浓度的响应. 植物生态学报, 38(10): 1099-1109.

王海珍, 韩路, 周正立, 等. 2007. 胡杨、灰叶胡杨水势对不同地下水位的动态响应. 干旱地区农业研究, 25(5): 125-129.

王林和, 张国盛, 温国胜, 等. 2011. 臭柏生理生态学特性及种群恢复与重建. 北京: 科学出版社, 30-44.

王沙生, 高荣孚, 吴贯明. 1990. 植物生理学. 北京: 中国林业出版社, 175-186.

王世绩. 1996. 全球胡杨资源的保护和恢复现状. 世界林业研究, (6):37-44.

王世绩, 陈炳浩, 李护群. 1995. 胡杨林. 北京: 中国环境科学出版社, 13-25.

王勋陵, 王静. 1989. 植物形态结构与环境. 兰州: 兰州大学出版社.

王烨. 1991. 14 种荒漠珍稀濒危植物的种子特性. 种子, (3): 23-26.

王玉丽, 焦培培, 顾亚亚, 等. 2013. 胡杨叶形变化与 POD 同工酶的关系研究. 干旱区资源与环境, 27(4): 181-186.

王玉丽, 焦培培, 张世卿, 等. 2012. 胡杨异形叶 CYT 和 EST 同工酶特征的初步研究. 塔里木大学学报, 24(1): 50-57.

魏庆莒. 1990. 胡杨. 北京: 中国林业出版社, 1-99.

伍维模, 李志军, 罗青红, 等. 2007. 土壤水分胁迫对胡杨、灰叶胡杨光合作用 – 光响应特性的影响. 林业科学, 43(5): 30-35.

席琳乔, 孙利杰, 史卉玲, 等. 2012. PEG6000和NaCl对灰胡杨种子萌发的影响. 新疆农业科学, 49(10): 1865-1873.

新疆植物志编辑委员会. 1992. 新疆植物志 第一卷. 乌鲁木齐: 新疆科技卫生出版社, 125-127.

杨灵丽. 2006. 胡杨阔叶与狭叶的生理生态学研究. 内蒙古农业大学硕士学位论文.

杨琼. 2015. 内蒙古额济纳旗胡杨叶片发育与叶性状特征研究. 中央民族大学硕士学位论文.

杨树德, 陈国仓, 张承烈, 等. 2004. 胡杨披针形叶和宽卵形叶的渗透调节能力的差异. 西北植物学报, 24(9): 1583-1588.

杨树德, 郑文菊, 陈国仓, 等. 2005. 胡杨披针形叶与宽卵形叶的超微结构与光合特性的差异. 西北植物学报, 25(1): 14-21.

于晓, 严成, 朱小虎, 等. 2008. 盐分和贮藏对胡杨种子萌发的影响. 新疆农业大学学报, 31(1): 12-15.

余伟莅, 杨灵丽, 胡小龙. 2009. 额济纳绿洲不同树龄胡杨狭叶和阔叶耐旱特征. 内蒙古林业科技, 35(4): 6-11.

张昊, 李俊清, 李景文, 等. 2007. 额济纳绿洲胡杨种群繁殖物候节律特征的研究. 内蒙古农业大学学报(自然科学版), 28(2): 60-66.

张金玲, 李玉灵, 庞梦丽, 等. 2017. 臭柏异形叶解剖结构及其抗旱性的比较. 西北植物学报, 37(9): 1756-1763.

张丽. 2004. 萝卜雄性不育系个体发育过程中 3 种同工酶活性的比较分析. 华北农学报, 19(3): 77-79.

张宁, 李宝富, 徐彤彤, 等. 2017. 1960-2012年全球胡杨分布区干旱指数时空变化特征. 干旱区资源与环境, 31(7): 121-126.

张胜邦, 田剑, 闫超锋, 等. 1996. 柴达木盆地胡杨生境及生物生态学特性调查. 青海农林科技, (4): 28-30.

张肖, 王瑞清, 李志军. 2015. 胡杨种子萌发对温光条件和盐旱胁迫的响应特征. 西北植物学报, 35(8): 1642-1649.

张肖, 王旭, 焦培培, 等. 2016. 胡杨(*Populus euphratica*)种子萌发及胚生长对盐旱胁迫的响应. 中国沙漠, 36(6): 1597-1605.

张玉波, 李景文, 张昊. 2005. 胡杨种子散布的时空分布格局. 生态学报, 25(8): 1994-2000.

赵良田, 孙全根. 1989. 异形叶性与植物识别. 生物学通报, 24(11): 8-9.

赵能, 刘军, 龚固堂. 2009. 杨亚科植物的分类与分布. 武汉植物学研究, 27(1): 23-40.

赵鹏宇, 冯梅, 焦培培, 等. 2016. 胡杨不同发育阶段叶片形态解剖学特征及其与胸径的关系. 干旱区研究, 33(5): 1071-1080.

赵正帅, 郑亚琼, 梁继业, 等. 2016. 塔里木河流域胡杨和灰叶胡杨克隆分株空间分布格局. 应用生态学报, 27(2): 403-411.

郑彩霞, 邱箭, 姜春宁, 等. 2006. 胡杨多形叶气孔特征及光合特性的比较. 林业科学, 42(8): 19-25.

郑亚琼, 张肖, 梁继业, 等. 2016. 濒危物种胡杨和灰叶胡杨的克隆生长特征. 生态学报, 36(5): 1331-1341.

郑亚琼, 周正立, 李志军. 2013. 灰叶胡杨横走侧根空间分布与克隆繁殖的关系. 生态学杂志, 32(10): 2641-2646.

中国科学院中国植物志编辑委员会. 1984. 中国植物志 第二十卷 第二分册. 北京: 科学出版社, 78.

周正立, 李志军, 龚卫江, 等. 2005. 胡杨、灰叶胡杨开花生物学特性研究. 武汉植物学研究, 23(2): 163-168.

Apel K, Hirt H. 2004. Reactive oxygen species: metabolism, oxidative stress, and signal transduction. Annual Review of Plant Biology, 55: 373-399.

Goliber T E, Feldman L J. 1990. Developmental analysis of leaf plasticity in the heterophyllous aquatic plant *Hippuris vulgaris*. American Journal of Botany, 77(3): 399-412.

Gómez-del-Campo M, Ruiz C, Lissarrague J R. 2002. Effect of water stress on leaf area development, photosynthesis, and productivity in Chardonnay and Airén grapevines. American Journal of Enology and Viticulture, 53(2): 138-143.

Hao J Q, Zhang L, Zheng C X, et al. 2011. Differences in chlorophyll fluorescence parameters and water content in heteromorphic leaves of *Populus euphratica* from Inner Mongolia, China. Forestry Studies in China, 13(1): 52-56.

Kordyum E, Klimenko E. 2013. Chloroplast ultrastructure and chlorophyll performance in the leaves of heterophyllous *Nuphar lutea* (L.) Smith. plants. Aquatic Botany, 110: 84-91.

Kuwabara A, Ikegami K, Koshiba T, et al. 2003. Effects of ethylene and abscisic acid upon heterophylly in *Ludwigia arcuata* (Onagraceae). Planta, 217: 880-887.

Kuwabara A, Nagata T. 2002. Views on developmental plasticity of plants through heterophylly. Recent Research and Development Plant Physiology, 3: 45-59.

Kuwabara A, Nagata T. 2006. Cellular basis of developmental plasticity observed in heterophyllous leaf formation of *Ludwigia arcuata* (Onagraceae). Planta, 224: 761-770.

Kuwabara A, Tsukaya H, Nagata T. 2008. Identification of factors that cause heterophylly in *Ludwigia arcuata* Walt. (Onagraceae). Plant Biology, 3(1): 98-105.

Leigh A, Zwieniecki M A, Rockwell F E, et al. 2011. Structural and hydraulic correlates of heterophylly in *Ginkgo biloba*. New Phytologist, 189(2): 459-470.

Li Z X, Zheng C X. 2005. Structural characteristics and eco-adaptability of heteromorphic leaves of *Populus euphratica*. Forestry Studies in China, 7(1): 11-15.

Lindermayr C, Saalbach G, Durner J. 2005. Proteomic identification of *S*-Nitrosylated proteins in Arabidopsis. Plant Physiology, 137(3): 921-930.

Ma T T, Christie P, Luo Y M, et al. 2014. Physiological and antioxidant responses of germinating mung bean seedlings to phthalate esters in soil. Pedosphere, 24(1): 107-115.

Tanaka K, Masumori M, Yamanoshita T, et al. 2011. Morphological and anatomical changes of *Melaleuca cajuputi* under submergence. Trees, 25: 695-704.

Tanaka-Oda A, Kenzo T, Kashimura S, et al. 2010. Physiological and morphological differences in the heterophylly of *Sabina vulgaris* Ant. in the semi-arid environment of Mu Us Desert, Inner Mongolia, China. Journal of Arid Environments, 74(1): 43-48.

Wang H L, Yang S D, Zhang C L. 1998. The photosynthetic characteristics of differently shaped leaves in *Populus euphratica* Olivier. Photosynthetica, 34: 545-553.

Zheng C X, Qiu J, Jiang C N, et al. 2007. Comparison of stomatal characteristics and photosynthesis of polymorphic *Populus euphratica* leaves. Frontiers of Forestry in China, 2: 87-93.

Zheng Y Q, Jiao P P, Zhao Z S, et al. 2016. Clonal growth of *Populus pruinosa* Schrenk and its role in the regeneration of riparian forests. Ecological Engineering, 94: 380-392.

# 第 2 章　异形叶发生分布与个体发育阶段的关系

胡杨的异性叶性表现为幼苗阶段只有条形叶，随着个体发育逐渐出现披针形叶、卵形叶和阔卵形叶（李加好，2015；冯梅，2014；黄文娟等，2010a，2010b）。灰杨的异性叶性表现在幼苗阶段只有长椭圆形叶，随着个体发育逐渐出现圆形叶和阔卵形叶（刘帅飞，2016）。然而，胡杨和灰杨各类型异形叶在个体发育过程发生的时间规律和空间分布的数量特征及其动态变化的规律尚不明晰。黄文娟等（2010a，2010b）的调查发现，胡杨、灰杨树冠上有阔卵形叶出现的部位就有花的发生，但花芽的发生与阔卵形叶的出现是否有关还尚不明确。本研究以同一立地条件下不同发育阶段的胡杨、灰杨为研究对象，研究胡杨、灰杨个体发育过程各类型异形叶出现的时间节点、空间分布特征及动态变化规律，阐明胡杨、灰杨异形叶性的特点及其与个体发育阶段的关系，可为进一步阐释胡杨、灰杨异形叶性的生物学意义奠定基础。

## 2.1　研究方法

### 2.1.1　研究区概况

研究区位于新疆塔里木盆地西北缘（40°32′36.90″N，81°17′56.52″E）。研究区气候炎热干燥，年均降雨量仅 50mm 左右，年均蒸发量可达 1900mm，年平均气温 10.8℃，年均日照时数为 2900h，是典型的温带荒漠气候。

研究区人工胡杨、灰杨混交林面积 180.6hm$^2$，株行距 1.2m×4.2m，平均树高 6.4m。林内有不同发育阶段（不同树龄）的胡杨 355 株、灰杨 301 株。

### 2.1.2　试验设计

为了研究胡杨、灰杨异形叶性与个体发育阶段的关系，本研究以不同径阶的胡杨、灰杨代表不同的发育阶段，研究不同的发育阶段异形叶的类型及其发生分布的时空规律。胡杨各个径阶平均胸径（$D$）和平均年龄（$A$）适合关系式：$A=13.679/(1+3.3476e^{-0.2099D})$（顾亚亚等，2013），因此可以用径阶构建植株龄级结构组成，进而研究和探讨异形叶在时间序列上的发生过程及其空间上的分布与动态变化规律。

径阶划分及样本的确定：以胸径 2cm 为阶距进行整化，起始径阶为 2cm。研究区内 355 株胡杨划分为 2 径阶、4 径阶、6 径阶、8 径阶、10 径阶、12 径阶、14 径阶、16 径阶、18 径阶，9 个径阶代表胡杨 9 个发育阶段；301 株灰杨划分为 2 径阶、4 径阶、6 径阶、8 径阶、10 径阶、12 径阶、14 径阶、16 径阶、18 径阶、20 径阶，10 个径阶代表灰杨 10 个发育阶段。各径阶的样本数为对应径阶总株数的 1/3，样本数不足 3 的径阶，则再从未选取中补足样本数,使该径阶的样本数不小于3。胡杨2径阶至18径阶的样本共计141个(表2-1),其中开花植株样本81个。灰杨2径阶至20径阶的样本共计119个(表2-2),其中开花植株样本51个。

表2-1　胡杨各径阶基本信息

| 径阶 | 各径阶株数/株 | 平均胸径/cm | 平均树高/m | 平均树龄/a | 样本数/个 |
|---|---|---|---|---|---|
| 2 | 20 | 2.3 | 6.3 | 4.1 | 9 |
| 4 | 78 | 3.9 | 8.8 | 5.2 | 31 |
| 6 | 67 | 5.9 | 8.0 | 6.6 | 23 |
| 8 | 59 | 7.9 | 8.1 | 7.6 | 21 |
| 10 | 48 | 9.8 | 8.7 | 8.6 | 20 |
| 12 | 43 | 12.0 | 9.7 | 10.3 | 19 |
| 14 | 29 | 14.1 | 10.0 | 10.5 | 11 |
| 16 | 8 | 15.7 | 9.6 | 11.6 | 4 |
| 18 | 3 | 17.4 | 11.1 | 11.3 | 3 |

表2-2　灰杨各径阶基本信息

| 径阶 | 各径阶株数/株 | 平均胸径/cm | 平均树高/m | 平均树龄/a | 样本数/个 |
|---|---|---|---|---|---|
| 2 | 6 | 2.2 | 5.2 | 4.4 | 3 |
| 4 | 15 | 4.1 | 5.9 | 5.7 | 5 |
| 6 | 36 | 6.1 | 6.8 | 7.1 | 16 |
| 8 | 44 | 8.2 | 7.6 | 8.5 | 18 |
| 10 | 40 | 10.0 | 8.3 | 9.7 | 17 |
| 12 | 58 | 11.8 | 9.0 | 10.7 | 21 |
| 14 | 40 | 13.9 | 9.6 | 11.6 | 14 |
| 16 | 37 | 15.8 | 9.8 | 12.2 | 13 |
| 18 | 17 | 17.8 | 10.3 | 12.7 | 8 |
| 20 | 8 | 20.0 | 10.8 | 13.0 | 4 |

## 2.1.3　异形叶类型的划分

依据叶形划分标准(叶长与叶宽的比值及叶片最宽处所在的位置),胡杨有4种类型的异形叶,分别是条形叶(叶长/叶宽≥4)、披针形叶(2≤叶长/叶宽<4)、卵形叶(1≤叶长/叶宽<2)和阔卵形叶(叶长/叶宽<1);灰杨有3种类型的异形叶,分别是长椭圆形叶(2≤叶长/叶宽<4)、圆形叶(1≤叶长/叶宽<2)和阔卵形叶(叶长/叶宽<1)。

## 2.1.4　异形叶和花空间分布调查

冠高(即树冠高度,指从乔木分枝点到上冠线的垂直高度,即树高与枝下高之差)的

测定　用全站仪和围尺测定各径阶样本胸径、树高和枝下高,计算冠高。

树冠层次的划分方法　将冠高五等分。定义冠高五等分后从树冠基部向顶部方向依次为树冠第 1 层、树冠第 2 层、树冠第 3 层、树冠第 4 层和树冠第 5 层。

异形叶出现频率的调查方法　调查统计各类型异形叶在树冠第 1～第 5 层的出现频次,以反映各类型异形叶空间分布的数量变化。

异形叶空间分布的调查方法　用全站仪测量各类型异形叶在树冠出现的最高点和最低点,计算异形叶分布比例(异形叶在树冠的最大分布区占冠高的比例)和集中分布比例(异形叶在树冠的集中分布区占冠高的比例),以反映各类型异形叶空间分布的变化。

花空间分布的调查方法　调查花在树冠的最高点和最低点,以及集花区下限和集花区上限,计算花分布比例(花在树冠的最大分布区占冠高的比例)和花集中分布比例(花在树冠的集中分布区占冠高的比例)。

按照以下公式计算冠高、异形叶出现频率、异形叶分布比例、异形叶集中分布比例、花分布比例和花集中分布比例。

$$冠高(H) = 树高 - 枝下高$$

$$异形叶出现频率(f_{ij}) = [n_{ij}/(5N_i)] \times 100\%$$

$$异形叶分布比例 = [(H_1 - H_2)/H] \times 100\%$$

$$异形叶集中分布比例 = [(H_3 - H_4)/H] \times 100\%$$

$$花分布比例 = [(H_5 - H_6)/H] \times 100\%$$

$$花集中分布比例 = [(H_7 - H_8)/H] \times 100\%$$

式中,$f_{ij}$ 为第 $i$ 径阶第 $j$ 类叶形出现的频率(胡杨 $i$ 取值 2、4、6、8、10、12、14、16、18,灰杨 $i$ 取值 2、4、6、8、10、12、14、16、18、20;胡杨 $j=1,2,3,4$,灰杨 $j=1,2,3$);$n_{ij}$ 为第 $i$ 径阶第 $j$ 类叶形出现的株数,株;$N_i$ 为第 $i$ 径阶供试林木的株数(相关数据见表 2-1 和表 2-2),株;$H$ 为冠高,m;$H_1$ 为异形叶在树冠上距枝下高垂直距离的最大高度,m;$H_2$ 为异形叶在树冠上距枝下高垂直距离的最小高度,m;$H_3$ 为树冠上异形叶集中分布区距枝下高垂直距离的最大高度,m;$H_4$ 为树冠上异形叶集中分布区距枝下高垂直距离的最小高度,m;$H_5$ 为花在树冠上距枝下高垂直距离的最大高度,m;$H_6$ 为花在树冠上距枝下高垂直距离的最小高度,m;$H_7$ 为树冠上花集中分布区距枝下高垂直距离的最大高度,m;$H_8$ 为树冠上花集中分布区距离枝下高垂直距离的最小高度,m。

### 2.1.5　数据统计分析

用 SPSS 17.0 软件对数据进行单因素方差分析,用 Pearson 相关系数检验各指标间的相关性。

## 2.2　异形叶发生的时空规律

### 2.2.1　胡杨异形叶发生的时空规律

胡杨种子萌发后的幼苗其叶均为条形叶,2 径阶时披针形叶从树冠的顶端开始出现,4

径阶时卵形叶从树冠的顶端开始出现，6 径阶时阔卵形叶从树冠的顶端开始出现（图 2-1）。研究发现，各类型异形叶数量随径阶增加呈动态变化。其中，条形叶出现频率总体上随径阶的增加呈降低的趋势；披针形叶和卵形叶出现频率随径阶的增加呈先增加后减少的趋势；阔卵形叶出现频率总体上随径阶的增加呈增加的趋势。结果表明，除条形叶以外，披针形叶、卵形叶和阔卵形叶是有规律地依次出现在不同的径阶（个体发育的不同阶段），各类型异形叶出现时间和数量与胡杨个体发育阶段有关。

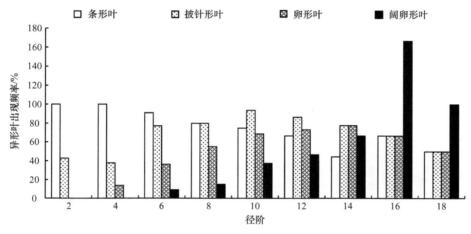

图 2-1　胡杨各类型异形叶出现频率随径阶的变化规律

研究还发现，各类型异形叶出现频率不仅随径阶增加发生动态变化，而且随树冠层次增加也发生动态变化。如图 2-2 所示，条形叶出现频率在 2～18 径阶均随树冠层次增加呈降低的趋势，16 径阶以后条形叶只出现在树冠的第 1 层；披针形叶出现频率在 2～14 径阶总体上随树冠层次增加呈增加的趋势，16 径阶以后随树冠层次增加呈降低的趋势；卵形叶出现频率在 4～10 径阶总体上随树冠层次增加呈增加趋势，在 12～14 径阶随树冠层次增加呈先增加后降低的趋势，16～18 径阶则随树冠层次增加呈降低趋势；阔卵形叶出现频率在 6～18 径阶总体上随树冠层次增加呈增加的趋势。结果表明，胡杨条形叶、披针形叶、卵形叶和阔卵形叶在各径阶树冠垂直空间的出现频率有明显不同，各类型异形叶出现频率随径阶和树冠层次的变化与胡杨个体发育阶段有关。

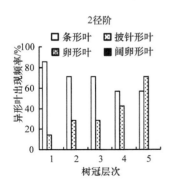
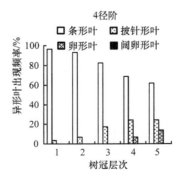
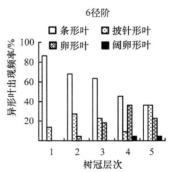

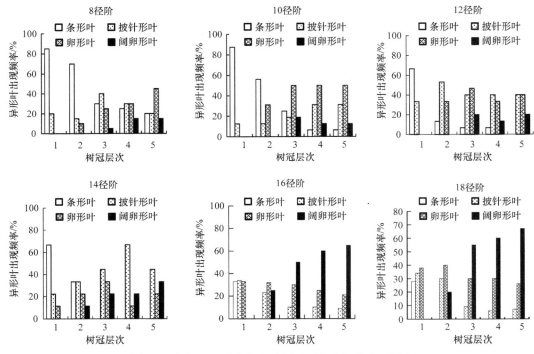

图 2-2 胡杨异形叶在各径阶树冠垂直空间的出现频率

### 2.2.2 灰杨异形叶发生的时空规律

灰杨种子萌发后的幼苗均为长椭圆形叶，4 径阶圆形叶开始从树冠顶部出现，6 径阶阔卵形叶开始从树冠顶部出现（图 2-3）。研究发现，灰杨 3 种异形叶的出现频率随径阶增加发生动态变化。其中，长椭圆形叶出现频率随径阶增加呈降低的趋势；圆形叶出现频率随径阶增加呈先增加后降低的趋势；阔卵形叶出现频率随径阶增加呈增加的趋势，至 20 径阶时阔卵形叶在数量上占绝对优势。结果表明，灰杨个体发育过程中各类型异形叶开始出现的时间节点不同，长椭圆形叶、圆形叶和阔卵形叶有规律地依次出现在不同的径阶（个体发育的不同阶段），各类型异形叶出现时期和数量与灰杨个体的发育阶段有关。

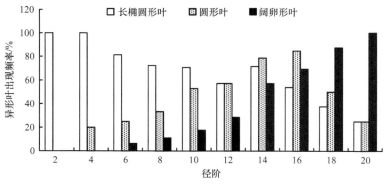

图 2-3 灰杨各类型异形叶出现频率随径阶的变化规律

在树冠的垂直空间，长椭圆形叶、圆形叶和阔卵形叶的出现频率随树冠层次变化而变化。如图 2-4 所示，在 2 径阶长椭圆形叶占据树冠整个垂直空间，在 4～20 径阶长椭圆形叶的出现频率随树冠层次增加呈降低的趋势，20 径阶长椭圆形叶在树冠第 5 层不再出现；圆形叶出现频率在 4～8 径阶随树冠层次增加呈增加的趋势，在 10～14 径阶随树冠层次增加呈先增加后降低的趋势，在 16～20 径阶随树冠层次增加呈现略微增加后降低的趋势；阔卵形叶出现频率在 6～20 径阶随树冠层次增加呈增加的趋势。结果表明，在各径阶树冠的垂直空间，灰杨长椭圆形叶、圆形叶、阔卵形叶的出现频率有所不同，各类型异形叶出现频率在树冠垂直空间的消长规律显示了异形叶出现的空间变化与灰杨个体发育阶段有一定的关系。

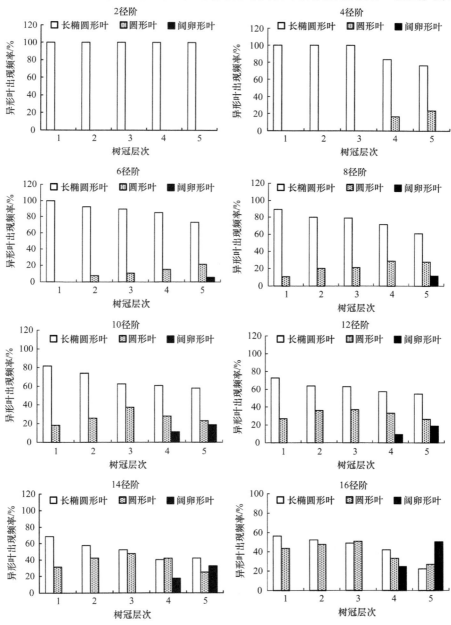

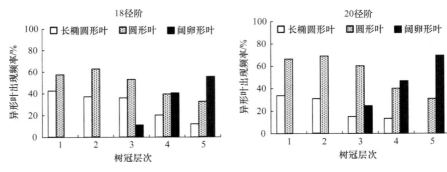

图 2-4　灰杨异形叶在各径阶树冠垂直空间的出现频率

## 2.3　异形叶分布的时空规律

### 2.3.1　胡杨异形叶分布的时空规律

从图 2-5 可以看出，胡杨各类型异形叶在树冠垂直空间的分布比例随径阶的变化规律有所不同。条形叶分布比例随径阶增加呈降低的趋势；披针形叶分布比例随径阶增加呈先增加后降低的趋势；卵形叶、阔卵形叶分布比例随径阶增加呈增加的趋势。结果说明，条形叶、披针形叶分布比例随径阶增加而降低，同时卵形叶和阔卵形叶分布比例随径阶增加而增加的空间分布规律与胡杨个体发育阶段有关。

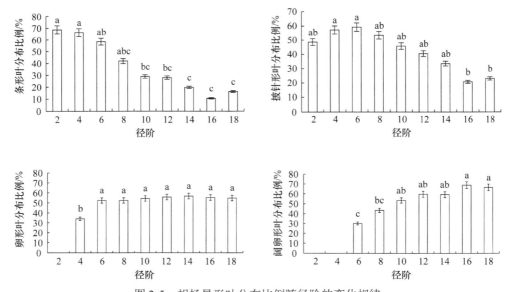

图 2-5　胡杨异形叶分布比例随径阶的变化规律

各小图柱子上方不含有相同小写字母代表不同径阶间差异显著（$P<0.05$），本章下同

## 2.3.2 灰杨异形叶分布的时空规律

灰杨各类型异形叶在树冠垂直空间的分布比例随径阶变化的规律也有所不同。研究结果显示（图2-6），长椭圆形叶分布比例随径阶增加呈降低的趋势，圆形叶分布比例随径阶增加呈先增加后降低的趋势，阔卵形叶分布比例则随径阶增加呈增加趋势。由此说明，灰杨各类型异形叶在各径阶树冠垂直空间的分布规律与灰杨个体发育阶段有关。

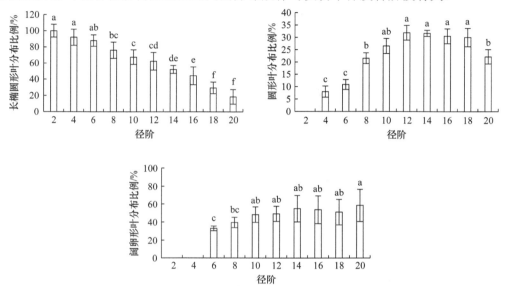

图 2-6 灰杨异形叶分布比例随径阶的变化规律

## 2.4 异形叶出现频率及分布比例与胸径和冠高的关系

### 2.4.1 胡杨异形叶出现频率及分布比例与胸径和冠高的关系

对胡杨同一径阶树冠 5 个层次异形叶出现频率和分布比例均取平均值，9 个径阶共得 9 个样本，将其与其对应的胸径和冠高进行相关性分析。结果显示（表 2-3），条形叶出现频率与胸径、冠高均呈极显著负相关（$P<0.01$）；卵形叶、阔卵形叶出现频率分别与胸径、冠高呈极显著/显著正相关。条形叶分布比例、集中分布比例均与胸径、冠高呈极显著负相关（$P<0.01$）；披针形叶仅分布比例与胸径呈显著负相关（$P<0.05$）；卵形叶、阔卵形叶分布比例、集中分布比例均与胸径、冠高呈极显著正相关（$P<0.01$）。说明胡杨条形叶、披针形叶、卵形叶和阔卵形叶出现频率及空间分布比例与胡杨胸径和冠高密切相关。

表2-3 胡杨异形叶分布比例及出现频率与胸径和冠高的Pearson相关系数（$n=9$）

| 指标 | 条形叶 | | | 披针形叶 | | |
| --- | --- | --- | --- | --- | --- | --- |
| | 分布比例 | 集中分布比例 | 出现频率 | 分布比例 | 集中分布比例 | 出现频率 |
| 胸径 | −0.92** | −0.98** | −0.92** | −0.71* | −0.28 | 0.28 |
| 冠高 | −0.95** | −0.97** | −0.90** | −0.59 | −0.35 | 0.24 |

续表

| 指标 | 卵形叶 | | | 阔卵形叶 | | |
|---|---|---|---|---|---|---|
| | 分布比例 | 集中分布比例 | 出现频率 | 分布比例 | 集中分布比例 | 出现频率 |
| 胸径 | 0.85** | 0.82** | 0.77** | 0.94** | 0.96** | 0.86** |
| 冠高 | 0.88** | 0.90** | 0.70* | 0.89** | 0.95** | 0.75* |

\*表示差异显著（$P<0.05$）；\*\*表示差异极显著（$P<0.01$），本章下同

### 2.4.2　灰杨异形叶出现频率及分布比例与胸径和冠高的关系

由表2-4可知，灰杨长椭圆形叶出现频率、分布比例与胸径、冠高均呈极显著负相关（$P<0.01$）；圆形叶仅出现频率与胸径、冠高均呈极显著正相关（$P<0.01$）；阔卵形叶出现频率、分布比例均与胸径、冠高呈极显著正相关（$P<0.01$）。说明灰杨长椭圆形叶、圆形叶和阔卵形叶出现频率及分布比例与灰杨胸径和冠高密切相关。

表2-4　灰杨异形叶分布比例及出现频率与胸径和冠高的Pearson相关系数（$n=30$）

| 指标 | 长椭圆形叶 | | 圆形叶 | | 阔卵形叶 | |
|---|---|---|---|---|---|---|
| | 分布比例 | 出现频率 | 分布比例 | 出现频率 | 分布比例 | 出现频率 |
| 胸径 | −0.88** | −0.99** | 0.18 | 0.99** | 0.88** | 0.94** |
| 冠高 | −0.93** | −0.97** | 0.26 | 0.99** | 0.91** | 0.88** |

## 2.5　花发生的时空规律

### 2.5.1　胡杨花发生的时空规律

调查发现，胡杨从6径阶开始出现开花植株，各径阶开花植株比例随径阶增加呈增加的趋势（图2-7）。表明，胡杨从6径阶开始进入生殖生长。

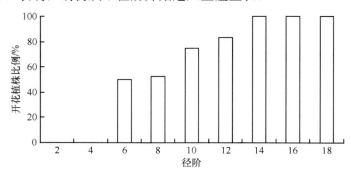

图2-7　胡杨开花植株比例随径阶的变化规律

调查还发现，进入生殖生长的胡杨个体，花首次出现于6径阶树冠的顶部，花出现后在树冠上的垂直空间分布随径阶而发生变化。如图2-8所示，胡杨花在树冠垂直空间的分

布比例和集中分布比例均随径阶增加呈增加的趋势。

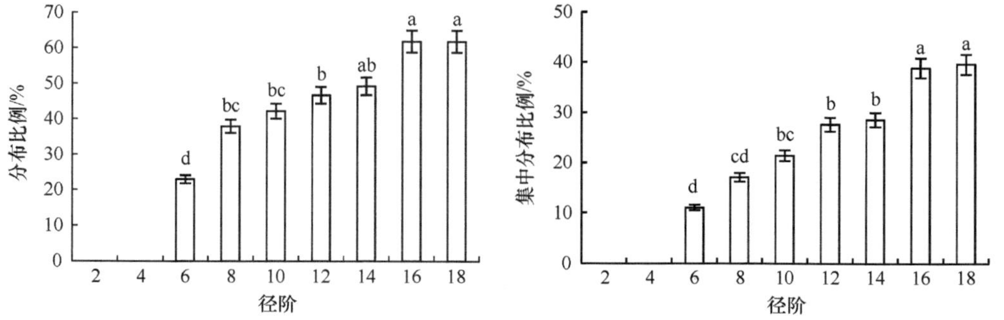

图 2-8 胡杨花垂直空间的分布比例随径阶的变化规律

从胡杨花在树冠垂直空间的分布比例和集中分布比例与胸径和冠高的 Pearson 相关性（表 2-5）可以看出，两者均与胸径和冠高呈极显著正相关（$P<0.01$），说明随胸径和冠高增加，花在树冠垂直空间的分布比例增加，花在树冠垂直空间的分布比例与胡杨个体发育阶段密切相关。

表2-5 胡杨花分布比例和集中分布比例与胸径和冠高的Pearson相关系数（$n$=81）

| 指标 | 分布比例 | 集中分布比例 |
| --- | --- | --- |
| 胸径 | 0.60** | 0.65** |
| 冠高 | 0.43** | 0.40** |

### 2.5.2 灰杨花发生的时空规律

研究结果显示，灰杨是从 6 径阶开始出现开花植株，各径阶开花植株比例随径阶增加呈逐渐增加的趋势（图 2-9）。表明，灰杨从 6 径阶开始进入生殖生长。

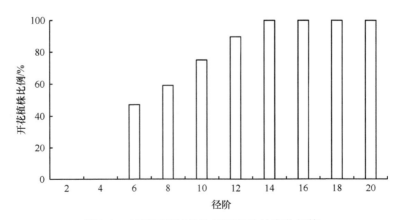

图 2-9 灰杨开花植株比例随径阶的变化规律

与胡杨相似，进入生殖生长的灰杨个体，花首次出现于 6 径阶树冠的顶部，花出现后在树冠垂直空间的分布随径阶而发生变化。由图 2-10 所示，灰杨花在树冠垂直空间的分布比例和集中分布比例均随径阶增加呈增加的趋势。

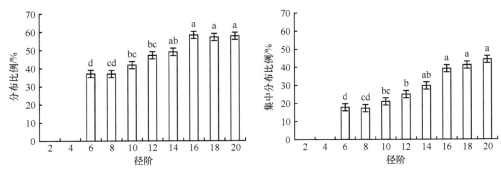

图 2-10　灰杨花垂直空间的分布比例随径阶的变化规律

由表 2-6 可知，灰杨花分布比例和集中分布比例均与胸径和冠高呈极显著正相关（$P<0.01$）。说明随着胸径、冠高的增加，灰杨花在树冠垂直空间的分布比例增加，花在垂直空间的分布比例与灰杨个体发育阶段密切相关。

表2-6　灰杨花分布比例和集中分布比例与胸径和冠高的Pearson相关系数（$n=119$）

| 指标 | 分布比例 | 集中分布比例 |
| --- | --- | --- |
| 胸径 | 0.40** | 0.53** |
| 冠高 | 0.41** | 0.45** |

## 2.6　异形叶和花时空分布的重叠度分析

### 2.6.1　胡杨异形叶和花时空分布的重叠度分析

如图 2-11 所示，条形叶和披针形叶分布比例随径阶增加呈降低的趋势；卵形叶分布

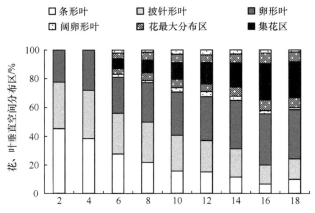

图 2-11　胡杨异形叶和花垂直空间分布区随径阶的变化规律

比例变化不大，但垂直空间分布区在下移；阔卵形叶在个体发育阶段中最后出现，它的分布比例随径阶增加呈增加的趋势。与此同时，花与阔卵形叶的出现时间相同，与阔卵形叶垂直空间分布范围变化趋势相同，即阔卵形叶从 6 径阶开始出现时花也开始出现。在各径阶，花最大分布区及集中分布区均位于阔卵形叶最大分布区内，二者的空间分布区始终处于重叠的状态。

相关性分析显示，胡杨花分布比例与披针形叶分布比例呈极显著负相关（$P<0.01$），与阔卵形叶分布比例呈极显著正相关（$P<0.01$）；花集中分布比例与条形叶、披针形分布比例呈显著/极显著负相关，与阔卵形叶分布比例呈极显著正相关（$P<0.01$）（表 2-7）。说明花在树冠垂直空间上分布范围的大小与条形叶、披针形叶和阔卵形叶垂直空间分布范围的大小密切相关。根据胡杨阔卵形叶和花在时间上的同步和空间分布上的高度重合，可以初步推断阔卵形叶的出现是胡杨进入生殖生长的标志，阔卵形叶空间分布的变化指示胡杨生殖生长的进程。

表2-7　胡杨异形叶分布比例与花分布比例及花集中分布比例的Pearson相关系数（$n=81$）

| 指标 | 条形叶分布比例 | 披针形叶分布比例 | 卵形叶分布比例 | 阔卵形叶分布比例 |
| --- | --- | --- | --- | --- |
| 花分布比例 | −0.10 | −0.27** | 0.34 | 0.32** |
| 花集中分布比例 | −0.25* | −0.33** | 0.40 | 0.31** |

## 2.6.2　灰杨异形叶和花时空分布的重叠度分析

如图 2-12 所示，在 4~8 径阶，灰杨花的最大分布区和集中分布区均位于阔卵形叶的分布区范围内；在 10~20 径阶，花的最大分布区和集中分布区均位于阔卵形叶的分布区域内，其空间分布范围重叠度高。随着径阶增大，灰杨长椭圆形叶在树冠垂直空间分布范围逐渐减小；圆形叶空间分布范围呈先增大后减小的趋势，并且垂直空间分布区在不断下移；阔卵形叶的垂直空间分布范围则随径阶增加呈增大的趋势，与此对应的是花垂直空间分布范围的不断增加，并且与阔卵形叶的空间分布范围始终处于重叠的状态。

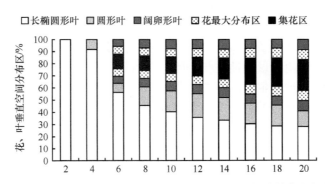

图 2-12　灰杨异形叶和花垂直空间的分布比例随径阶的变化规律

相关性分析表明，灰杨花分布比例和花集中分布比例与圆形叶分布比例均呈极显著负相关（$P<0.01$），与阔卵形叶分布比例均呈极显著正相关（$P<0.01$）（表2-8），表明花的垂直空间分布与圆形叶、阔卵形叶空间分布密切相关。结合灰杨阔卵形叶和花在时间上同步出现和空间分布上高度重合，初步推断阔卵形叶的出现是灰杨进入生殖生长的标志，阔卵形叶空间分布范围的变化指示灰杨生殖生长的进程。

表2-8　灰杨异形叶分布比例与花分布比例及花集中分布比例的Pearson相关系数（$n=88$）

| 指标 | 长椭圆形叶分布比例 | 圆形叶分布比例 | 阔卵形叶分布比例 |
| --- | --- | --- | --- |
| 花分布比例 | −0.10 | −0.31** | 0.34** |
| 花集中分布比例 | −0.11 | −0.28** | 0.34** |

## 2.7　小结与讨论

### 2.7.1　胡杨和灰杨异形叶性的特点及生物学意义

我们的研究发现，胡杨、灰杨各类型异形叶随胸径和树高的增加有规律地依次从树冠的顶部开始出现，各类型异形叶在树冠垂直空间内的出现频率及空间分布比例随胸径和树冠层次的增加发生变化。其中，胡杨条形叶、卵形叶和阔卵形叶出现频率和分布比例均与胸径、冠高存在极显著、显著正/负相关关系，披针形叶仅是分布比例与胸径存在显著正相关关系；而灰杨的长椭圆形叶、阔卵形叶出现频率和分布比例均与胸径、冠高存在极显著正/负相关关系，圆形叶仅出现频率与胸径、冠高存在极显著正相关关系，说明胡杨、灰杨各类型异形叶出现频率和空间分布与个体的发育阶段密切相关。

异形叶性被认为是植物对环境长期适应过程中积累形成的一种遗传机制，同时也反映出叶片对外界条件适应所做出的变异性和可塑性（董建芳等，2009；曹慧娟，2005）。胡杨、灰杨各类型异形叶随胸径和树高的增加有规律地依次出现，阔卵形叶（叶面积最大的叶）在数量和空间分布上逐渐占主导地位。该过程有利于实现胡杨、灰杨不同发育阶段对光合产物的需求。郑彩霞等（2006）研究指出，幼树和成年树底部因水分条件好而发育成披针形叶；上部因受到强光照射，蒸腾失水大于供水而处于水分胁迫状态，所以发育成耐旱的卵圆形和锯齿卵圆形叶。胡杨的异形叶性被认为是胡杨适应环境机制的一部分，使之既能在盐分和干旱胁迫下生存，又能充分利用高光强进行光合作用（白雪，2011）。我们研究认为，胡杨、灰杨的异形叶性是与个体的发育阶段相关的生物学特性，是可遗传的机制，是胡杨、灰杨演化过程中对环境变化长期适应的结果。胡杨、灰杨个体发育过程中通过不同类型异形叶发生分布的协同变化来应对不同发育阶段所处的异质生境，是其生长发育的需求和生态适应策略的表现。

### 2.7.2　异形叶性与花发生分布的关系

叶形态除了受环境的影响发生变化之外，其在植物不同部位或发育阶段也呈现出变化，如拟南芥、英国常春藤和红豆杉叶片形状的变化。对这些现象的归纳表明，这种叶片形状的变化与植物开花事件的发生有密切的联系（白书农，2003）。我们研究发现，胡杨、灰杨的花首次出现均始于 6 径阶树冠的顶部，标志着胡杨、灰杨从 6 径阶开始进入生殖生长。研究还发现，胡杨和灰杨花的发生部位和发生时期与阔卵形叶的发生部位和发生时期一致，均始于 6 径阶树冠的顶部。花的空间分布比例与阔卵形叶空间分布比例的变化规律一致，均是随径阶、冠高的增加呈增加的趋势；在各径阶中，花的最大分布区和集中分布区均位于阔卵形叶的最大分布区内，花与阔卵形叶的垂直空间分布区始终处于重叠状态。除此之外，花的最大分布区、集中分布区不仅与胸径、冠高呈极显著正相关（$P<0.01$），而且与阔卵形叶分布区呈极显著正相关（$P<0.01$）。上述结果表明，花与阔卵形叶的出现时间及树冠垂直空间分布范围是相关的，可以认为胡杨、灰杨的异形叶性与开花事件的发生有密切的联系，阔卵形叶的出现是胡杨、灰杨个体发育阶段转变（由营养生长转入生殖生长）的一个标志。显然，胡杨、灰杨的异形叶性在胡杨、灰杨个体发育阶段转变中有重要作用。

## 主要参考文献

白书农. 2003. 植物发育生物学. 北京：北京大学出版社, 72-73.
白雪. 2011. 胡杨多态叶光合及水分生理的研究. 北京：北京林业大学硕士学位论文.
曹慧娟. 2005. 植物学. 第 2 版. 北京：中国林业出版社, 115-127.
董建芳, 李春红, 刘果厚, 等. 2009. 内蒙古 6 种沙生柳树叶片解剖结构的抗旱性分析. 中国沙漠, 29(3): 480-484.
冯梅. 2014. 胡杨叶形变化与个体发育阶段的关系研究. 塔里木大学硕士学位论文.
顾亚亚, 张世卿, 李先勇, 等. 2013. 濒危物种胡杨胸径与树龄关系研究. 塔里木大学学报, 25(2): 66-69.
黄文娟, 李志军, 杨赵平, 等. 2010a. 胡杨异形叶结构型性状及其与胸径关系. 生态学杂志, 29(12): 2347-2352.
黄文娟, 李志军, 杨赵平, 等. 2010b. 胡杨异形叶结构型性状及其相互关系. 生态学报, 30(17): 4636-4642.
李加好. 2015. 胡杨阶段转变过程枝、叶和花芽形态数量变化及生理特征研究. 塔里木大学硕士学位论文.
刘帅飞. 2016. 灰叶胡杨不同径级枝、叶和花芽形态学及生理生化特性研究. 塔里木大学硕士学位论文.
刘帅飞, 焦培培, 李志军. 2016. 灰叶胡杨异形叶的类型及其时空特征. 干旱区研究, 33(5): 1098-1103.
郑彩霞, 邱箭, 姜春宁, 等. 2006. 胡杨多形叶气孔特征及光合特性的比较. 林业科学, 42(8): 19-24, 147.

# 第3章 异形叶形态结构特征与个体发育阶段的关系

物种或种群长期生长于某种特定的生境下,就必然会形成一些相应的适应特征,尤其是叶片解剖性状的某些定向改变,这一结论已被大多数学者接受(方精云等,2000;蔡永立等,1999;费松林等,1999;贺金生等,1994;Lee et al.,1990;Bone et al.,1985)。生境变化常导致叶片的长、宽、厚度、表面气孔、表皮细胞及其附属物、叶肉栅栏组织、海绵组织、胞间隙、厚角组织和叶脉等形态解剖结构的响应与适应,如长期生长在缺水条件下的植物叶片就会具有耐旱性的形态结构特征(李晓储等,2006;孟庆杰等,2004;周智彬和李培军,2002;高洁等,1997)。以往的研究表明,不同植物的抗旱结构存在差异,如不同物种间或品种间叶的形态解剖结构及其抗旱性有差异(李周等,2018;申惠翡等,2016;潘昕等,2015;张义等,2014;张海娜等,2013;彭威和张友民,2010;杨超和梁宗锁,2008;杨九艳等,2005;石登红和陈训,2005),同一个物种在不同的生境条件下叶的形态解剖结构及其抗旱性也存在明显差异(钟悦鸣等,2017;孙善文等,2014;崔秀萍等,2006),即使同一物种不同发育阶段叶的形态解剖结构也有较明显的变化(乔琦等,2010)。

有研究表明,胡杨同一个体上从披针形叶到阔卵形叶,叶片表皮细胞层数增多,叶肉细胞排列更紧密,且叶肉细胞中含有更多的黏液细胞,叶肉细胞中的两种晶体(棱晶和簇晶)减少;叶片的栅栏组织趋于发达,海绵组织减少,角质层加厚,气孔下陷;线粒体逐渐增多;叶绿体的形状由规则的纺锤形逐渐变为不规则的圆形或椭圆形,淀粉含量减少,类囊体结构的有序度降低、结构模糊、液泡中的泡状物质增多、叶脉中维管组织趋于发达,结构上明显趋于旱生结构(丁伟等,2010;Li and Zheng,2005;杨树德等,2005),阔卵形叶较卵形叶、披针形叶的旱生结构更发达(杨树德等,2005;Wang et al.,1998),不同发育阶段胡杨异形叶形态解剖结构存在显著差异(赵鹏宇等,2016)。但胡杨、灰杨异形叶形态解剖结构变化随个体发育阶段的变化情况,以及这种变化的生态适应意义目前尚不明晰。形态结构是功能的基础,叶片形态结构的变化必然影响到生理生态功能的改变。因此,研究胡杨、灰杨不同发育阶段异形叶的形态解剖结构特征,有助于揭示其个体发育过程的生态适应机制。本研究以同一立地条件下不同发育阶段的胡杨、灰杨为研究对象,研究了胡杨、灰杨异形叶形态解剖结构特征随个体发育阶段的变化规律,阐明了胡杨、灰杨个体发育过程异形叶形态结构变化与个体发育阶段的关系,揭示了胡杨和灰杨个体发育过程获得抗旱能力的结构基础,以及异形叶性在其适应干旱环境中的生物学意义。

## 3.1 研究方法

### 3.1.1 研究区概况

研究区概况见第2章"2.1.1 研究区概况"。

## 3.1.2 试验设计

径阶划分及样本确定方法同第 2 章"2.1.2 试验设计"。从胡杨、灰杨 2~18 径阶中各选取样株 3 株作为重复，胡杨、灰杨样本数分别为 27 株。

## 3.1.3 采样方法

冠高测算及树冠层次划分方法同第 2 章"2.1.4 异形叶和花空间分布调查"。于胡杨、灰杨异形叶发育成熟的 6 月，在样株树冠第 1~第 5 层的中央位置，按东、南、西、北方位随机采取 1 个当年生枝条，每株样株采集 20 个。选取每个枝条由基部开始的第 4 节位叶片为样叶，每一个树冠层次选取 4 个叶片，每株样株共计 20 个叶片，用于叶片形态结构指标的测定。

## 3.1.4 叶片形态结构指标测定方法

### 3.1.4.1 异形叶形态指标测定方法

用 MRS-9600TFU2 扫描仪对叶片进行扫描，用万深 LA-S 植物图像分析软件对叶长、叶宽、叶面积、叶柄长度、叶片周长进行测量。

### 3.1.4.2 异形叶解剖结构指标测定方法

切取叶片最宽处材料以福尔马林-酒精-冰醋酸混合（FAA）固定液固定保存。采用常规石蜡制片方法制作组织切片，切片厚度 8μm，番红-固绿双重染色，中性树脂封片。在 Leica 显微镜下观察测量叶片横切面上下表皮组织细胞数、上下表皮细胞长度和宽度，测量叶片横切面栅栏组织细胞数、栅栏组织厚度、栅栏组织细胞长度和宽度、海绵组织厚度等结构参数，同时测定叶片厚度。每叶片观测 5 个视野，每视野观测 20 个值，取 5 个视野叶片结构参数的平均值为每叶片结构的参数值。

按照下列公式计算栅栏组织厚度与海绵组织厚度的比值（以下简称：栅/海比）、叶片组织结构紧密度和疏松度（张金玲等，2017；白潇等，2013；Naz et al.，2013；李芳兰和包维楷，2005）：

$$栅/海比=栅栏组织厚度/海绵组织厚度$$
$$叶片组织结构紧密度=栅栏组织厚度/叶片厚度\times100\%$$
$$叶片组织结构疏松度=海绵组织厚度/叶片厚度\times100\%$$

## 3.1.5 数据处理方法

（1）树冠每层次叶片解剖结构指标参数值：为每层次 4 个叶片（东、南、西、北方位）的解剖结构指标参数的平均值。

（2）各样株叶片解剖结构指标参数值：为样株树冠 5 个层次叶片解剖结构指标参数值的平均值。

（3）各径阶叶片解剖结构指标参数值：为各径阶 3 株样株叶片解剖结构指标参数值的平均值。

用 SPSS 17.0 软件对数据进行单因素方差分析，用 Pearson 相关系数检验各指标的相关性。

## 3.2 异形叶形态随径阶和树冠层次的变化规律

### 3.2.1 胡杨异形叶形态随径阶和树冠层次的变化规律

如图 3-1 所示，胡杨异形叶叶片长度、叶形指数均随着径阶和树冠层次增加呈减小的

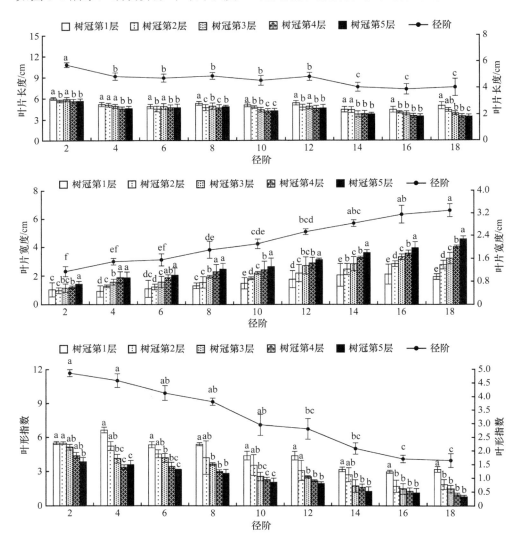

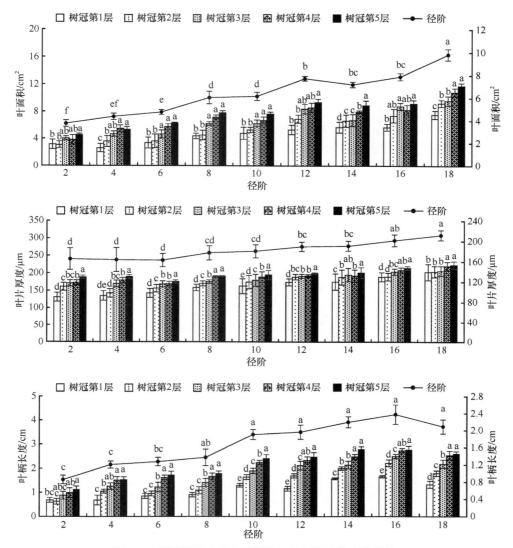

图 3-1 胡杨异形叶形态随径阶和树冠层次的变化规律

柱状图对应左侧纵轴,折线对应右侧纵轴;多个柱子为一组的小图,每组柱子上方不含有相同小写字母代表同一径阶树冠不同层次间差异显著（$P<0.05$）,折线上方不含有相同小写字母代表不同径阶间差异显著（$P<0.05$）,本章下同

趋势,叶片宽度、叶片厚度、叶柄长度和叶面积均随着径阶和树冠层次增加呈增加的趋势。18 径阶异形叶叶面积比 2 径阶明显增加,叶片明显变得更厚,叶柄也更长。各径阶树冠的第 1 层与第 5 层叶形态指标参数存在显著差异（$P<0.05$）。结果表明,胡杨异形叶形态随径阶及树冠层次变化而变化,即各径阶树冠第 1 层到第 5 层分布着不同形态的异形叶,且总是树冠顶部分布着比树冠基部叶面积更大、叶片更厚及叶柄更长的异形叶。

## 3.2.2 灰杨异形叶形态随径阶和树冠层次的变化规律

如图 3-2 所示，灰杨异形叶形态随径阶及树冠层次变化的规律与胡杨类似。灰杨异形叶叶片长度和叶形指数均随径阶、树冠层次增加呈减小的趋势，叶片宽度、叶片厚度、叶柄长度和叶面积均随径阶、树冠层次增加呈增加的趋势。方差分析显示，灰杨叶形态指标参数在 2 径阶与 18 径阶间存在显著差异（$P<0.05$），除了 8 径阶叶片长度、6 径阶和 16 径阶叶片宽度、14 径阶和 16 径阶叶形指数外，各径阶树冠第 1 层与第 5 层也存在显著差异（$P<0.05$）。结果表明，灰杨异形叶形态随径阶及树冠层次变化而变化，各径阶树冠的第 1 层到第 5 层分布着不同形态的异形叶，且总是树冠顶部分布着比树冠基部叶面积更大、叶片更厚及叶柄更长的叶。

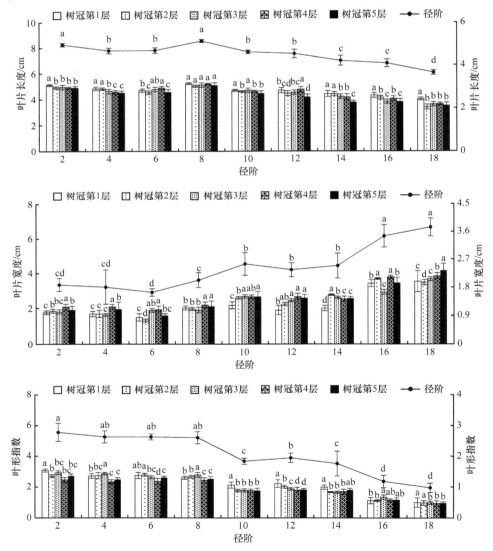

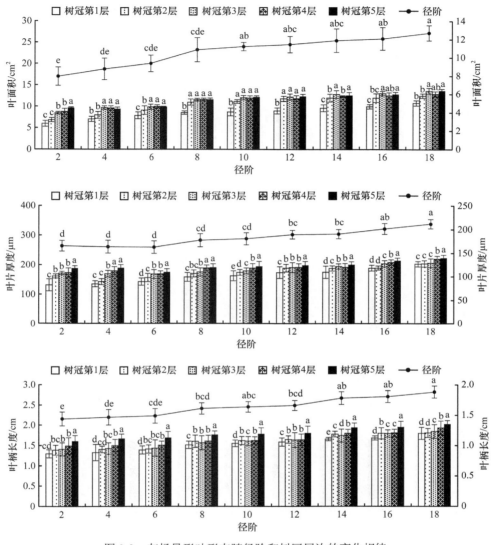

图 3-2 灰杨异形叶形态随径阶和树冠层次的变化规律

## 3.3 异形叶解剖结构随径阶和树冠层次的变化规律

### 3.3.1 胡杨异形叶解剖结构随径阶和树冠层次的变化规律

对胡杨各径阶异形叶最宽处横切面表皮组织结构观测的结果显示,异形叶最宽处横切面上、下表皮细胞数均径阶和树冠层次增加呈增加的趋势,各径阶树冠第 1 层与第 5 层差异显著 ($P<0.05$);上表皮细胞长度 8 径阶和 10 径阶与 12 径阶差异显著;上、下表皮细胞宽度均随径阶、树冠层次增加呈增加的趋势,各径阶树冠第 1 层与第 5 层差异显著 ($P<0.05$)(图 3-3)。表明,胡杨异形叶表皮细胞数量和表皮细胞宽度与径阶和树冠层次关系密切。

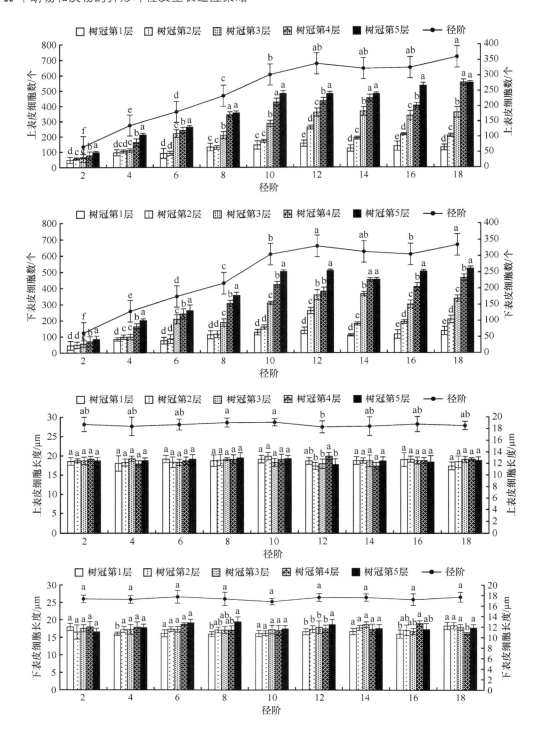

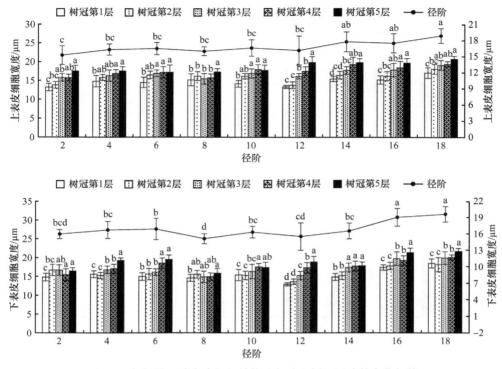

图 3-3 胡杨异形叶表皮组织结构随径阶和树冠层次的变化规律

对胡杨各径阶异形叶最宽处横切面叶肉组织进行观测。如图 3-4 所示,胡杨异形叶横切面栅栏组织细胞数、栅栏组织细胞长度和栅栏组织厚度均随径阶增加呈增加的趋势,海绵组织厚度随径阶增加呈减小趋势,在 2 径阶与 18 径阶上述叶解剖结构参数均差异显著($P<0.05$)。在树冠的垂直空间,栅栏组织细胞数、栅栏组织细胞长度均随树冠层次增加呈增加的趋势,栅栏组织细胞宽度在 12~14 径阶和 18 径阶、栅栏组织厚度在 2~12 径阶和 18 径阶随树冠层次增加呈增加的趋势,且在树冠的第 1 层与第 5 层存在显著差异($P<0.05$)。结果表明,胡杨异形叶解剖结构随径阶和树冠层次增加而发生变化,表现为异形叶栅栏组织结构越来越发达,而海绵组织结构越来越退化。

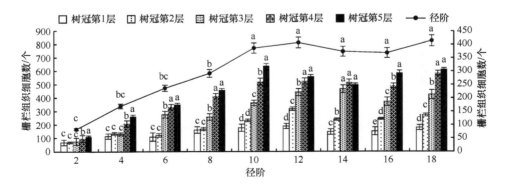

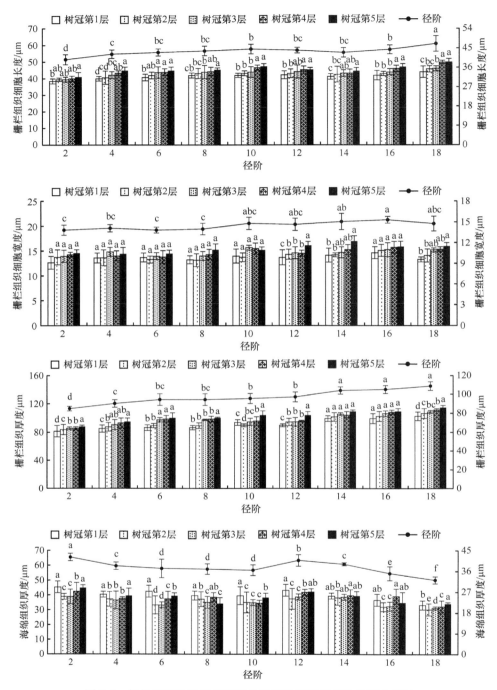

图 3-4　胡杨异形叶叶肉组织结构随径阶和树冠层次的变化规律

胡杨异形叶叶片结构紧密度在 2~6 径阶呈增加的趋势，在 6~18 径阶呈减小的趋势；叶片结构疏松度则随径阶增加呈减小的趋势，2 径阶与 18 径阶差异显著（$P<0.05$）（图 3-5）。表明，胡杨异形叶叶片结构紧密度和疏松度随径阶的变化而变化。

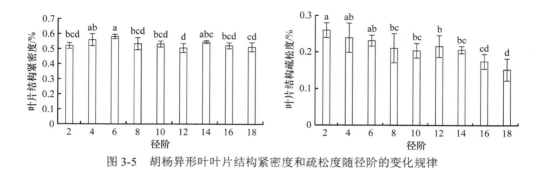

图 3-5　胡杨异形叶叶片结构紧密度和疏松度随径阶的变化规律

如图 3-6 所示，胡杨异形叶栅/海比随径阶增加呈增大的趋势，2 径阶与 18 径阶差异显著（$P<0.05$）。栅/海比在 4 径阶、8 径阶和 12～16 径阶随树冠层次增加基本上是增大的趋势，树冠第 1 层与第 5 层存在显著差异（$P<0.05$），栅/海比在 2 径阶、6 径阶、10 径阶、18 径阶则随树冠层次增加呈先增大后减小的趋势。结果表明，胡杨异形叶栅/海比随径阶和树冠层次的变化而变化。

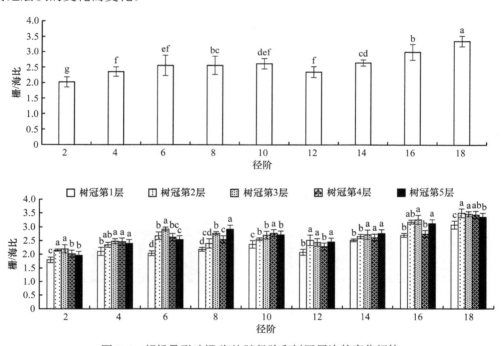

图 3-6　胡杨异形叶栅/海比随径阶和树冠层次的变化规律

### 3.3.2　灰杨异形叶解剖结构随径阶和树冠层次的变化规律

对灰杨各径阶异形叶叶片最宽处横切面表皮组织结构观测的结果如图 3-7 所示。灰杨异形叶最宽处横切面上、下表皮细胞数和表皮细胞宽度均随径阶、树冠层次增加呈增加的趋势，2 径阶与 18 径阶间差异显著（$P<0.05$），各径阶树冠的第 1 层与第 5 层差异显著（$P<0.05$）。上、下表皮细胞长度在径阶间变化规律不明显，上表皮细胞长度在 12 径阶，下表

皮细胞长度在 6 径阶、8 径阶和 12 径阶随树冠层次增加呈增加趋势，且树冠的第 1 层与第 5 层差异显著（$P<0.05$）。

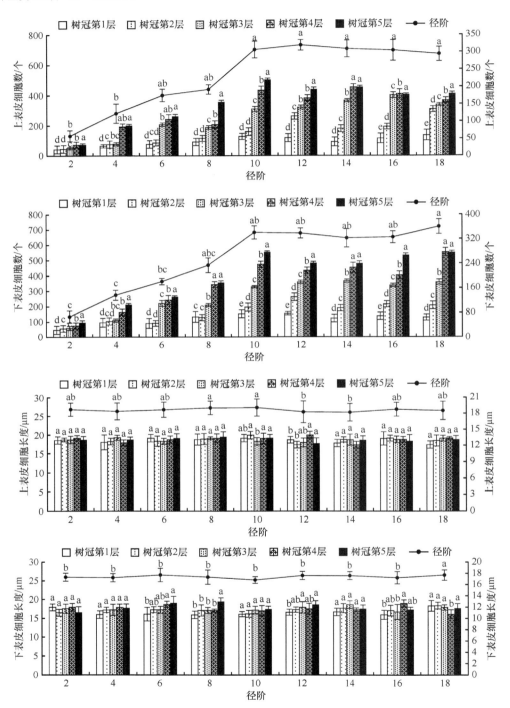

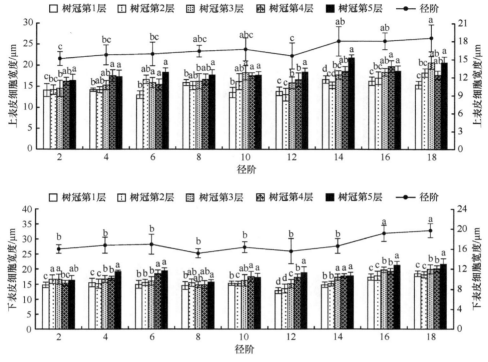

图 3-7　灰杨异形叶表皮组织结构随径阶和树冠层次的变化规律

对灰杨各径阶异形叶最宽处横切面叶肉组织观测的结果如图 3-8 所示。灰杨异形叶栅栏组织细胞长度和栅栏组织细胞宽度在各径阶间基本无差异，在树冠垂直空间变化规律不明显。栅栏组织细胞厚度和横切面栅栏组织细胞数均随径阶和树冠层次增加呈增加的趋势，2 径阶与 18 径阶差异显著（$P<0.05$）。海绵组织厚度随径阶增加呈减小趋势，在 4 径阶、6 径阶、10～14 径阶随树冠层次增加呈增加的趋势，在 2 径阶、8 径阶、16 径阶、18 径阶呈先减小后增加的趋势。结果表明，灰杨异形叶组织结构随径阶和树冠层次增加而变化，变化体现在异形叶栅栏组织越来越发达，而海绵组织趋于弱化。

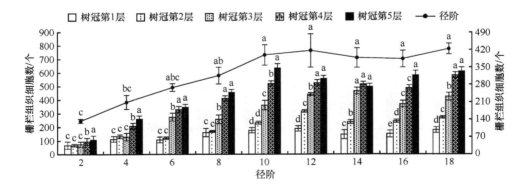

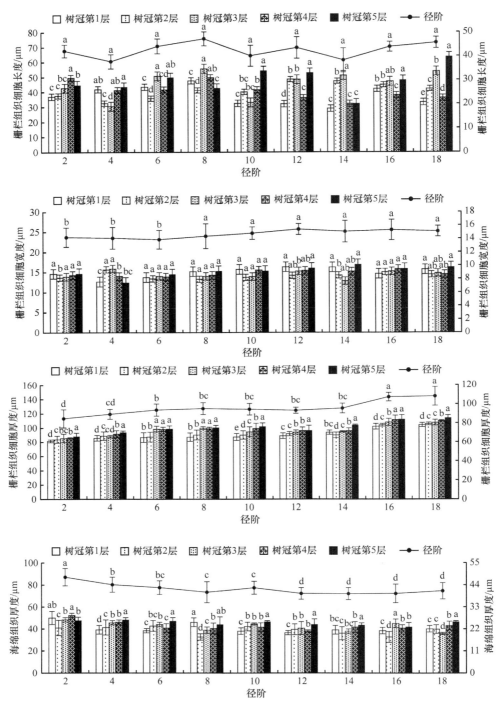

图 3-8 灰杨异形叶叶肉组织结构随径阶和树冠层次的变化规律

如图 3-9 所示，灰杨异形叶叶片组织结构紧密度随径阶增加在 2～6 径阶呈增加趋势，在 6～18 径阶呈减小趋势；叶片组织结构疏松度随径阶增加呈减小趋势，2 径阶与 18 径阶差异显著（$P<0.05$）。如图3-10所示，灰杨异形叶栅/海比随着径阶增加呈增大趋势，2径阶与18径阶差异显著（$P<0.05$）；8径阶和18径阶栅/海比随树冠层次增加呈先增大后减小的趋势，2径阶、14径阶和16径阶栅/海比随树冠层次增加呈先增大后减小再增大的趋势，6径阶、10径阶和12径阶栅/海比随树冠层次增加呈先减小后增大再减小的趋势，4径阶则随树冠层次的增加呈减小趋势。结果表明，灰杨异形叶叶片结构紧密度、疏松度及栅/海比随径阶和树冠层次的变化而变化。

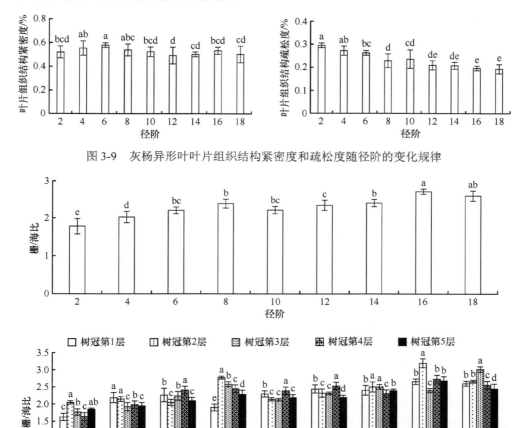

图3-9 灰杨异形叶叶片组织结构紧密度和疏松度随径阶的变化规律

图3-10 灰杨异形叶栅/海比随径阶和树冠层次的变化规律

## 3.4 异形叶形态结构指标与胸径和冠高的相关性

### 3.4.1 胡杨异形叶形态结构指标与胸径和冠高的相关性

表3-1显示，胡杨异形叶的叶柄长度、叶片宽度、叶面积、叶片周长和叶片厚度分别与胸径、冠高呈极显著正相关（$P<0.01$），冠高与胸径间也呈极显著正相关（$P<0.01$）；

叶片长度、叶形指数分别与胸径、冠高呈极显著负相关（$P<0.01$）。7个异形叶形态指标参数间也存在极显著/显著正相关或负相关关系。由此说明，胡杨异形叶形态变化与个体发育阶段密切相关，主要表现为随着胸径和冠高的增加，胡杨异形叶形态朝着叶片宽度、叶面积、叶片厚度、叶片周长和叶柄长度逐渐增加及叶片长度逐渐减小的方向协同变化。

表3-1 胡杨异形叶形态指标与胸径和冠高的相关系数（$n=42$）

| 指标 | 胸径 | 冠高 | 叶柄长度 | 叶片长度 | 叶片宽度 | 叶形指数 | 叶面积 | 叶片周长 | 叶片厚度 |
|---|---|---|---|---|---|---|---|---|---|
| 胸径 | 1 | | | | | | | | |
| 冠高 | 0.972** | 1 | | | | | | | |
| 叶柄长度 | 0.951** | 0.895** | 1 | | | | | | |
| 叶片长度 | −0.894** | −0.868** | −0.913** | 1 | | | | | |
| 叶片宽度 | 0.993** | 0.948** | 0.954** | −0.900** | 1 | | | | |
| 叶形指数 | −0.991** | −0.947** | −0.972** | 0.916** | −0.988** | 1 | | | |
| 叶面积 | 0.967** | 0.973** | 0.864** | −0.780* | 0.953** | −0.930** | 1 | | |
| 叶片周长 | 0.941** | 0.964** | 0.859** | −0.751* | 0.918** | −0.910** | 0.977** | 1 | |
| 叶片厚度 | 0.963** | 0.932** | 0.874** | −0.802** | 0.968** | −0.945** | 0.971** | 0.937** | 1 |

*表示差异显著（$P<0.05$）；**表示差异极显著（$P<0.01$），本章下同

表3-2显示，胡杨异形叶最宽处横切面表皮细胞数、栅栏组织细胞数、栅栏组织细胞长度和栅栏组织细胞宽度与胸径呈极显著正相关（$P<0.01$），表皮细胞宽度与胸径呈显著正相关（$P<0.05$），表皮细胞数、栅栏组织细胞数、栅栏组织细胞长度与冠高呈极显著正相关（$P<0.01$），表皮细胞宽度、栅栏组织细胞宽度与冠高呈显著正相关（$P<0.05$），海绵组织厚度与冠高呈显著负相关（$P<0.05$）。胡杨异形叶解剖结构指标参数间也存在相关关系，其中表皮细胞数与栅栏组织细胞数、栅栏组织细胞长度和栅栏组织细胞宽度呈极显著正相关（$P<0.01$），与栅栏组织厚度呈显著正相关（$P<0.05$）；表皮细胞宽度与栅栏组织细胞长度呈显著正相关（$P<0.05$），与海绵组织厚度呈极显著负相关（$P<0.01$）；栅栏组织细胞数与栅栏组织细胞长度、栅栏组织厚度呈极显著正相关（$P<0.01$），与栅栏组织细胞宽度呈显著正相关（$P<0.05$）；栅栏组织细胞长度与海绵组织厚度呈极显著负相关（$P<0.01$）；栅栏组织细胞宽度与栅栏组织厚度呈显著正相关（$P<0.05$）。由此说明，随着胸径和冠高的增加，胡杨异形叶解剖结构朝着表皮细胞数和栅栏组织细胞数增加，栅栏组织结构越来越发达，以及海绵组织结构越来越弱化的方向协同变化，异形叶解剖结构的协同变化与个体发育阶段密切相关。

表3-2 胡杨异形叶解剖结构指标与胸径和冠高的相关系数（$n=42$）

| 指标 | 胸径 | 冠高 | 表皮细胞数 | 表皮细胞长度 | 表皮细胞宽度 | 栅栏组织细胞数 | 栅栏组织细胞长度 | 栅栏组织细胞宽度 | 栅栏组织厚度 | 海绵组织厚度 |
|---|---|---|---|---|---|---|---|---|---|---|
| 胸径 | 1 | | | | | | | | | |
| 冠高 | 0.972** | 1 | | | | | | | | |

续表

| 指标 | 胸径 | 冠高 | 表皮细胞数 | 表皮细胞长度 | 表皮细胞宽度 | 栅栏组织细胞数 | 栅栏组织细胞长度 | 栅栏组织细胞宽度 | 栅栏组织厚度 | 海绵组织厚度 |
|---|---|---|---|---|---|---|---|---|---|---|
| 表皮细胞数 | 0.932** | 0.935** | 1 | | | | | | | |
| 表皮细胞长度 | 0.030 | 0.093 | −0.028 | 1 | | | | | | |
| 表皮细胞宽度 | 0.767* | 0.776* | 0.555 | 0.030 | 1 | | | | | |
| 栅栏组织细胞数 | 0.899** | 0.919** | 0.995** | 0.004 | 0.510 | 1 | | | | |
| 栅栏组织细胞长度 | 0.818** | 0.922** | 0.844** | 0.146 | 0.697* | 0.858** | 1 | | | |
| 栅栏组织细胞宽度 | 0.867** | 0.770* | 0.834** | −0.344 | 0.625 | 0.792* | 0.571 | 1 | | |
| 栅栏组织厚度 | 0.585 | 0.586 | 0.780* | −0.137 | 0.200 | 0.809** | 0.628 | 0.672* | 1 | |
| 海绵组织厚度 | −0.614 | −0.723* | −0.521 | −0.268 | −0.802** | −0.529 | −0.844** | −0.391 | −0.357 | 1 |

表 3-3 显示，胡杨异形叶最宽处表皮细胞数与叶片宽度、叶片厚度呈极显著正相关（$P<0.01$），与叶片长度、叶形指数呈显著负相关（$P<0.05$）；栅栏组织厚度与叶片厚度呈极显著正相关（$P<0.01$），与叶片长度、叶形指数呈极显著负相关（$P<0.01$）。结果表明，胡杨异形叶的形态与解剖结构间存在协同变化的关系，叶片宽度与叶片最宽处表皮细胞数的增加有关，叶片厚度与表皮细胞数和栅栏组织厚度密切相关，反映了它们之间协同变化的关系。

表3-3　胡杨异形叶形态与解剖结构指标间的相关系数（$n=42$）

| 指标 | 叶片长度 | 叶片宽度 | 叶形指数 | 叶面积 | 叶片厚度 |
|---|---|---|---|---|---|
| 表皮细胞数 | −0.33* | 0.72** | −0.33* | 0.21 | 0.41** |
| 表皮细胞长度 | −0.01 | 0.03 | −0.13 | 0.09 | 0.24 |
| 表皮细胞宽度 | −0.10 | 0.16 | −0.18 | 0.18 | 0.29 |
| 栅栏组织厚度 | −0.41** | 0.16 | −0.50** | 0.09 | 0.48** |
| 栅栏组织细胞长度 | −0.07 | 0.18 | −0.10 | 0.19 | 0.23 |
| 栅栏组织细胞宽度 | −0.16 | 0.10 | −0.14 | 0.17 | 0.21 |
| 海绵组织厚度 | 0.02 | −0.04 | 0.12 | −0.22 | −0.12 |

## 3.4.2　灰杨异形叶形态结构指标与胸径和冠高的相关性

表 3-4 显示，灰杨异形叶叶片长度和叶形指数与胸径和冠高呈极显著负相关（$P<0.01$），而叶片宽度、叶柄长度、叶面积、叶片厚度、叶片周长与胸径和冠高呈极显著正相关（$P<0.01$），叶形态指标参数间也存在显著/极显著正相关或负相关关系。由此说明，随着胸径和冠高的增加，灰杨异形叶形态朝着叶片宽度、叶面积、叶片厚度、叶片周长和叶柄长度增加但叶片长度减小的方向协同变化，异形叶形态指标的协同变化与胸径和冠高变化密切相关。

表3-4　灰杨异形叶形态指标与胸径和冠高的相关系数（n=105）

| 指标 | 胸径 | 冠高 | 叶柄长度 | 叶片长度 | 叶片宽度 | 叶形指数 | 叶面积 | 叶片周长 | 叶片厚度 |
|---|---|---|---|---|---|---|---|---|---|
| 胸径 | 1 | | | | | | | | |
| 冠高 | 0.993** | 1 | | | | | | | |
| 叶柄长度 | 0.979** | 0.979** | 1 | | | | | | |
| 叶片长度 | −0.831** | −0.858** | −0.865** | 1 | | | | | |
| 叶片宽度 | 0.910** | 0.899** | 0.886** | −0.805** | 1 | | | | |
| 叶形指数 | −0.974** | −0.977** | −0.951** | 0.884** | −0.963** | 1 | | | |
| 叶面积 | 0.975** | 0.956** | 0.933** | −0.740* | 0.902** | −0.949** | 1 | | |
| 叶片周长 | 0.959** | 0.961** | 0.960** | −0.840** | 0.950** | −0.970** | 0.917** | 1 | |
| 叶片厚度 | 0.979** | 0.974** | 0.987** | −0.846** | 0.910** | −0.957** | 0.930** | 0.985** | 1 |

表 3-5 显示，灰杨异形叶最宽处横切面表皮细胞数、表皮细胞长度、栅栏组织细胞数、栅栏组织细胞宽度、栅栏组织厚度与胸径呈极显著正相关（$P<0.01$）；海绵组织厚度与胸径呈显著负相关（$P<0.05$）。结果表明，灰杨异形叶解剖结构指标参数变化与胸径变化密切相关。表明，灰杨异形叶最宽处横切面表皮细胞数、表皮细胞长度和栅栏组织厚度随胸径的增加而增加，海绵组织厚度随胸径的增加而减小。灰杨异形叶部分解剖结构指标参数间也存在极显著/显著正相关或负相关关系，说明这些异形叶解剖结构指标参数间存在协同变化的关系。

表3-5　灰杨异形叶解剖结构指标与胸径和冠高的相关系数（n=105）

| 指标 | 胸径 | 冠高 | 表皮细胞数 | 表皮细胞长度 | 表皮细胞宽度 | 栅栏组织细胞数 | 栅栏组织细胞长度 | 栅栏组织细胞宽度 | 栅栏组织厚度 | 海绵组织厚度 |
|---|---|---|---|---|---|---|---|---|---|---|
| 胸径 | 1 | | | | | | | | | |
| 冠高 | 0.516 | 1 | | | | | | | | |
| 表皮细胞数 | 0.911** | 0.402 | 1 | | | | | | | |
| 表皮细胞长度 | 0.889** | 0.538 | 0.703* | 1 | | | | | | |
| 表皮细胞宽度 | −0.224 | −0.456 | −0.157 | −0.135 | 1 | | | | | |
| 栅栏组织细胞数 | 0.907** | 0.410 | 0.993** | 0.689* | −0.139 | 1 | | | | |
| 栅栏组织细胞长度 | 0.219 | −0.164 | 0.100 | 0.087 | 0.404 | 0.182 | 1 | | | |
| 栅栏组织细胞宽度 | 0.850** | 0.436 | 0.856** | 0.599 | −0.318 | 0.824** | 0.065 | 1 | | |
| 栅栏组织厚度 | 0.889** | 0.472 | 0.712* | 0.873** | 0.020 | 0.719* | 0.417 | 0.610 | 1 | |
| 海绵组织厚度 | −0.790* | −0.510 | −0.850** | −0.618 | 0.217 | −0.865** | −0.252 | −0.676* | −0.683* | 1 |

表 3-6 显示，灰杨异形叶最宽处横切面表皮细胞数与叶片宽度、叶面积和叶片厚度呈极显著正相关（$P<0.01$），与叶片长度和叶形指数呈极显著负相关（$P<0.01$）；栅栏组织细胞长度、栅栏组织厚度分别与叶片宽度、叶面积呈显著正相关（$P<0.05$）。表明，灰杨异形叶的形态与解剖结构存在协同变化的关系，叶片长度、叶片宽度、叶形指数、叶面积

和叶片厚度变化均与异形叶表皮细胞数的变化密切相关,同时叶片宽度和叶面积与栅栏组织细胞长度和栅栏组织厚度密切相关。

**表3-6　灰杨异形叶形态与解剖结构指标间的相关系数($n=105$)**

| 指标 | 叶片长度 | 叶片宽度 | 叶形指数 | 叶面积 | 叶片厚度 |
|---|---|---|---|---|---|
| 表皮细胞数 | −0.48** | 0.49** | −0.48** | 0.48** | 0.46** |
| 表皮细胞长度 | −0.26 | 0.26 | −0.21 | 0.29 | 0.22 |
| 表皮细胞宽度 | −0.20 | 0.17 | −0.13 | 0.24 | 0.16 |
| 栅栏组织细胞长度 | −0.22 | 0.31* | −0.26 | 0.34* | 0.28 |
| 栅栏组织细胞宽度 | −0.15 | 0.09 | −0.04 | 0.13 | 0.09 |
| 栅栏组织厚度 | −0.25 | 0.32* | −0.28 | 0.33* | 0.27 |
| 海绵组织厚度 | 0.17 | −0.24 | 0.20 | −0.20 | −0.17 |

## 3.5　异形叶形态结构主成分分析

### 3.5.1　胡杨异形叶形态结构主成分分析

#### 3.5.1.1　胡杨异形叶形态性状主成分分析

表 3-7 显示,胡杨异形叶同一形态性状变异系数在不同径阶有所不同。胡杨异形叶 7 个形态性状各径阶变异系数平均值从大到小的顺序为:叶形指数＞叶柄长度＞叶片厚度＞叶面积＞叶片宽度＞叶片长度＞叶片周长。叶形指数变异系数最大,说明不同径阶的胡杨异形叶形状差异较大。叶片宽度变异系数大于长度变异系数,表明叶片宽度变化比叶片长度变化更大,而叶片长宽的变化间接影响叶面积的变化,从而导致叶面积的变异系数较大。

**表3-7　胡杨异形叶形态性状在各径阶的变异系数　　　　　　　　　　(%)**

| 指标 | 叶柄长度 | 叶片长度 | 叶片宽度 | 叶形指数 | 叶面积 | 叶片周长 | 叶片厚度 |
|---|---|---|---|---|---|---|---|
| 2 径阶 | 26.31 | 32.99 | 25.61 | 24.13 | 19.39 | 10.90 | 10.40 |
| 4 径阶 | 41.09 | 17.02 | 32.34 | 41.70 | 35.59 | 8.56 | 10.15 |
| 6 径阶 | 33.13 | 14.69 | 35.43 | 40.35 | 45.03 | 9.94 | 10.07 |
| 8 径阶 | 46.13 | 12.94 | 44.98 | 50.94 | 45.23 | 10.23 | 37.90 |
| 10 径阶 | 33.85 | 21.97 | 37.46 | 46.51 | 34.81 | 18.55 | 48.43 |
| 12 径阶 | 40.63 | 15.66 | 37.77 | 47.75 | 33.85 | 13.96 | 51.42 |
| 14 径阶 | 29.36 | 20.84 | 26.77 | 52.71 | 30.41 | 15.92 | 49.26 |
| 16 径阶 | 18.42 | 13.35 | 25.04 | 43.09 | 25.40 | 12.87 | 42.45 |
| 18 径阶 | 27.74 | 17.85 | 6.15 | 30.02 | 16.01 | 6.64 | 33.15 |
| 平均 | 32.96 | 18.59 | 30.17 | 41.91 | 31.75 | 11.95 | 32.58 |

为进一步分析哪些形态性状是造成胡杨不同径阶间异形叶形态差异的主要因素，我们对胡杨异形叶 7 个形态性状进行了主成分分析。结果显示，前两个主成分累计贡献率达 97.60%（表 3-8），基本能代表胡杨异形叶 7 个形态性状的变异。其中，第 1 主成分对总变异的贡献率为 52.80%，对第 1 主成分影响较大的 3 个性状为叶面积、叶片周长、叶片厚度；第 2 主成分对总变异的贡献率为 44.80%，对第 2 主成分影响最大的形态性状为叶片长度。总的看来，叶片周长、叶面积、叶片厚度、叶片长度 4 个性状主要影响胡杨异形叶形态变化，是造成胡杨不同径级异形叶形态性状差异的主要因素。

表3-8　胡杨异形叶形态性状主成分分析

| 指标 | 第 1 主成分 | 第 2 主成分 |
| --- | --- | --- |
| 叶柄长度 | 0.571 | −0.795 |
| 叶片长度 | −0.396 | −0.902 |
| 叶片宽度 | 0.719 | 0.687 |
| 叶形指数 | −0.674 | −0.731 |
| 叶面积 | 0.877 | 0.469 |
| 叶片周长 | 0.881 | 0.438 |
| 叶片厚度 | 0.833 | 0.522 |
| 特征值 | 3.693 | 3.137 |
| 累计贡献率/% | 52.80 | 97.60 |

### 3.5.1.2　胡杨异形叶解剖结构性状主成分分析

胡杨异形叶解剖结构性状在各径阶的变异系数见表 3-9，结果表明，在各径阶，叶片解剖结构性状中变异系数最大的两个指标是表皮细胞数和栅栏组织细胞数。

表3-9　胡杨异形叶解剖结构性状在各径阶的变异系数　　（%）

| 指标 | 2 径阶 | 4 径阶 | 6 径阶 | 8 径阶 | 10 径阶 | 12 径阶 | 14 径阶 | 16 径阶 | 18 径阶 | 平均 |
| --- | --- | --- | --- | --- | --- | --- | --- | --- | --- | --- |
| 表皮细胞数 | 28.00 | 37.26 | 48.02 | 49.20 | 51.39 | 40.17 | 49.99 | 49.60 | 51.54 | 45.02 |
| 表皮细胞长度 | 2.25 | 2.86 | 3.64 | 4.22 | 1.55 | 2.97 | 2.84 | 2.92 | 2.12 | 2.82 |
| 表皮细胞宽度 | 7.17 | 7.69 | 8.69 | 4.24 | 7.66 | 16.34 | 9.54 | 9.21 | 7.15 | 8.63 |
| 栅栏组织细胞数 | 22.89 | 37.70 | 48.78 | 47.33 | 50.17 | 37.60 | 45.33 | 47.90 | 45.79 | 42.61 |
| 栅栏组织细胞长度 | 2.33 | 4.71 | 3.86 | 2.84 | 5.06 | 3.07 | 2.84 | 4.68 | 5.62 | 3.89 |
| 栅栏组织细胞宽度 | 5.31 | 3.69 | 3.07 | 5.98 | 5.96 | 6.04 | 7.68 | 3.15 | 7.25 | 5.35 |
| 栅栏组织厚度 | 2.87 | 4.35 | 6.45 | 5.52 | 4.89 | 5.31 | 3.71 | 4.00 | 5.60 | 4.74 |

续表

| 指标 | 2 径阶 | 4 径阶 | 6 径阶 | 8 径阶 | 10 径阶 | 12 径阶 | 14 径阶 | 16 径阶 | 18 径阶 | 平均 |
|---|---|---|---|---|---|---|---|---|---|---|
| 海绵组织厚度 | 7.39 | 4.27 | 10.70 | 6.19 | 6.32 | 6.08 | 1.62 | 8.48 | 4.72 | 6.20 |
| 栅/海比 | 7.90 | 6.41 | 12.76 | 10.64 | 8.08 | 6.78 | 3.74 | 8.05 | 3.37 | 7.53 |

对胡杨异形叶叶片最宽处横切面的 9 个解剖结构性状进行主成分分析，见表 3-10。前 3 个主成分的累计贡献率为 91.298%。其中，第 1 主成分对总变异的贡献率为 42.116%，对第 1 主成分影响最大的解剖结构性状是表皮细胞数、栅栏组织细胞数和栅栏组织厚度；第 2 主成分对总变异的贡献率为 35.185%，对第 2 主成分影响最大的解剖结构性状是表皮细胞宽度、海绵组织厚度；第 3 主成分对总变异的贡献率为 13.997%，对第 3 主成分影响最大的解剖结构性状是表皮细胞长度。结果表明，表皮细胞数、表皮细胞宽度、栅栏组织细胞数、海绵组织厚度、栅栏组织厚度是造成胡杨 9 个径阶异形叶解剖结构性状差异的主要因素。

表3-10　胡杨异形叶解剖结构性状主成分分析

| 指标 | 第 1 主成分 | 第 2 主成分 | 第 3 主成分 |
|---|---|---|---|
| 表皮细胞数 | 0.886 | 0.381 | −0.082 |
| 表皮细胞长度 | −0.052 | 0.137 | 0.938 |
| 表皮细胞宽度 | 0.163 | 0.938 | −0.166 |
| 栅栏组织细胞数 | 0.910 | 0.354 | −0.022 |
| 栅栏组织细胞长度 | 0.651 | 0.681 | 0.154 |
| 栅栏组织细胞宽度 | 0.693 | 0.407 | −0.490 |
| 栅栏组织厚度 | 0.934 | 0.083 | −0.051 |
| 海绵组织厚度 | −0.264 | −0.909 | −0.233 |
| 栅/海比 | 0.549 | 0.732 | 0.153 |
| 方差贡献 | 3.790 | 3.167 | 1.260 |
| 累计贡献率/% | 42.116 | 77.301 | 91.298 |

### 3.5.2　灰杨异形叶形态结构主成分分析

#### 3.5.2.1　灰杨异形叶形态性状主成分分析

对灰杨异形叶的 7 个形态性状进行测量统计发现，灰杨异形叶的 7 个形态性状在各径阶都存在不同程度的变异（表 3-11）。灰杨异形叶 7 个形态性状各径阶变异系数平均值从大到小的顺序为：叶柄长度＞叶面积＞叶形指数＞叶片宽度＞叶片厚度＞叶片周长＞叶片长度。叶柄长度变异系数最大说明不同径阶间异形叶叶柄长度差异较大。叶片宽度变异系数大于叶片长度变异系数,在叶片长度变异系数最小的情况下,叶片宽度变异就成为影响叶面积变异的主要因素。

表3-11 灰杨异形叶形态性状在各径阶的变异系数 （%）

| 指标 | 叶柄长度 | 叶片长度 | 叶片宽度 | 叶形指数 | 叶面积 | 叶片周长 | 叶片厚度 |
| --- | --- | --- | --- | --- | --- | --- | --- |
| 2 径阶 | 4.46 | 2.22 | 4.19 | 16.12 | 9.37 | 2.98 | 10.11 |
| 4 径阶 | 11.75 | 4.02 | 6.96 | 16.25 | 12.05 | 5.56 | 12.30 |
| 6 径阶 | 18.73 | 3.70 | 8.70 | 9.40 | 8.12 | 4.70 | 5.70 |
| 8 径阶 | 7.54 | 1.84 | 3.40 | 9.84 | 3.74 | 2.94 | 5.20 |
| 10 径阶 | 6.83 | 2.35 | 7.12 | 10.01 | 8.07 | 3.44 | 5.72 |
| 12 径阶 | 21.12 | 5.53 | 10.43 | 11.35 | 16.47 | 7.98 | 4.20 |
| 14 径阶 | 18.80 | 6.76 | 10.03 | 5.89 | 17.02 | 8.26 | 4.59 |
| 16 径阶 | 10.54 | 4.96 | 10.32 | 4.86 | 10.99 | 5.17 | 4.44 |
| 18 径阶 | 11.66 | 5.65 | 8.29 | 1.68 | 13.48 | 7.67 | 3.93 |
| 平均 | 12.38 | 4.11 | 7.72 | 9.49 | 11.03 | 5.41 | 6.24 |

在同一径阶,灰杨异形叶 7 个形态性状变异系数有所不同,从各径阶 7 个形态性状变异系数平均值可以看出,12～14 径阶异形叶形态性状变异最丰富,而 8 径阶变异幅度最小,说明该阶段异形叶形态性状比较稳定。由此说明,灰杨异形叶形态性状的变异在不同径阶存在差异。

为进一步分析哪些形态性状是造成灰杨不同径阶间异形叶形态差异的主要因素,我们对灰杨异形叶 7 个形态性状进行主成分分析。结果显示,前两个主成分累计贡献率为 93.082%（表 3-12）,基本能代表灰杨异形叶 7 个形态性状的变异。其中,第 1 主成分对总变异的贡献率为 75.577%,对第 1 主成分影响较大的形态性状有叶片宽度、叶片厚度、叶面积、叶片周长；第 2 主成分对总变异的贡献率为 17.505%,对第 2 主成分影响最大的形态性状为叶形指数。总的看来,叶片周长、叶片厚度、叶面积、叶片宽度与叶形指数是造成灰杨 9 个径阶异形叶形态性状差异的主要因素。

表3-12 灰杨异形叶形态性状主成分分析

| 指标 | 第 1 主成分 | 第 2 主成分 |
| --- | --- | --- |
| 叶柄长度 | 0.693 | 0.525 |
| 叶片长度 | 0.948 | −0.150 |
| 叶片宽度 | 0.993 | −0.063 |
| 叶形指数 | −0.094 | 0.953 |
| 叶面积 | 0.985 | 0.062 |

续表

| 指标 | 第1主成分 | 第2主成分 |
|---|---|---|
| 叶片周长 | 0.986 | 0.088 |
| 叶片厚度 | 0.988 | 0.062 |
| 特征值 | 5.290 | 1.225 |
| 累计贡献率/% | 75.577 | 93.082 |

#### 3.5.2.2 灰杨异形叶解剖结构性状主成分分析

灰杨异形叶解剖结构性状在各径阶的变异系数见表3-13。结果表明，在各径阶，异形叶解剖结构性状变异系数最大的两个指标是表皮细胞数和栅栏组织细胞数。

表3-13　灰杨异形叶解剖结构性状在各径阶的变异系数　　（%）

| 指标 | 2径阶 | 4径阶 | 6径阶 | 8径阶 | 10径阶 | 12径阶 | 14径阶 | 16径阶 | 18径阶 | 平均 |
|---|---|---|---|---|---|---|---|---|---|---|
| 表皮细胞数 | 27.74 | 44.44 | 47.38 | 48.65 | 46.72 | 38.65 | 51.11 | 45.65 | 41.23 | 43.51 |
| 表皮细胞长度 | 2.25 | 2.86 | 3.64 | 4.22 | 1.55 | 2.97 | 3.44 | 2.92 | 2.12 | 2.89 |
| 表皮细胞宽度 | 4.65 | 9.48 | 10.94 | 3.97 | 8.36 | 14.78 | 10.74 | 7.49 | 8.84 | 8.81 |
| 栅栏组织细胞数 | 22.89 | 37.70 | 48.78 | 47.33 | 50.17 | 37.60 | 45.33 | 47.90 | 45.79 | 42.61 |
| 栅栏组织细胞长度 | 12.47 | 15.65 | 14.08 | 12.37 | 22.00 | 20.77 | 26.41 | 9.44 | 27.99 | 17.91 |
| 栅栏组织细胞宽度 | 3.04 | 11.52 | 2.87 | 5.88 | 6.32 | 5.30 | 10.70 | 3.46 | 5.34 | 6.05 |
| 栅栏组织厚度 | 2.87 | 3.43 | 6.84 | 6.81 | 6.48 | 3.19 | 5.68 | 4.10 | 4.46 | 4.87 |
| 海绵组织厚度 | 8.97 | 8.56 | 7.97 | 13.01 | 7.66 | 7.35 | 7.60 | 11.74 | 9.89 | 9.19 |
| 栅/海比 | 9.73 | 6.41 | 6.57 | 13.56 | 5.53 | 5.38 | 3.26 | 10.56 | 7.91 | 7.66 |

对灰杨9个径阶异形叶解剖结构性状进行主成分分析，见表3-14。从表3-14可以看出，前3个主成分的累计贡献率为93.448%。其中，第1主成分对总变异的贡献率为46.648%，对第1主成分影响最大的解剖结构性状是表皮细胞数、栅栏组织细胞数和海绵组织厚度；第2主成分对总变异的贡献率为24.401%，对第2主成分影响最大的解剖结构性状是表皮细胞宽度和栅栏组织厚度；第3主成分对总变异的贡献率为22.399%，对第3主成分影响最大的性状是表皮细胞长度和栅栏组织细胞长度。结果表明，表皮细胞数、栅栏组织细胞数、栅栏组织厚度和海绵组织厚度是造成灰杨9个径阶异形叶解剖结构性状差异的主要因素。

表3-14　灰杨异形叶解剖结构性状主成分分析

| 指标 | 第1主成分 | 第2主成分 | 第3主成分 |
|---|---|---|---|
| 表皮细胞数 | 0.930 | 0.296 | −0.054 |
| 表皮细胞长度 | −0.135 | 0.050 | 0.963 |

续表

| 指标 | 第1主成分 | 第2主成分 | 第3主成分 |
| --- | --- | --- | --- |
| 表皮细胞宽度 | 0.273 | 0.956 | −0.012 |
| 栅栏组织细胞数 | 0.935 | 0.276 | 0.033 |
| 栅栏组织细胞长度 | 0.153 | 0.103 | 0.941 |
| 栅栏组织细胞宽度 | 0.844 | 0.271 | −0.198 |
| 栅栏组织厚度 | 0.533 | 0.798 | 0.262 |
| 海绵组织厚度 | −0.896 | −0.199 | −0.163 |
| 栅/海比 | 0.738 | 0.596 | 0.253 |
| 方差贡献 | 4.198 | 2.196 | 2.016 |
| 累计贡献率/% | 46.648 | 71.049 | 93.448 |

## 3.6 小结与讨论

### 3.6.1 异形叶形态结构变化与个体发育阶段的关系

叶形指数（叶片长/叶片宽）是反映植物叶片形状变化的重要参数。对胡杨9个发育阶段异形叶形态解剖学特征的研究发现，异形叶形态的变化规律是叶片宽度、叶面积、叶片厚度均随径阶和树冠层次增加而增加，叶片长度和叶形指数则随胸径和树冠层次增加而减小；异形叶解剖结构的变化规律是异形叶最宽处横切面上下表皮细胞、栅栏组织厚度、栅栏组织细胞长度均随胸径增加而增加；海绵组织厚度随胸径增加而逐渐减小。相关性分析结果表明，叶片宽度、叶面积和叶片厚度分别与胸径呈极显著正相关（$P<0.01$），叶形指数与胸径呈极显著负相关（$P<0.01$）；表皮细胞数与胸径呈极显著正相关（$P<0.01$）；叶片形态指标与解剖结构指标参数间也存在相关关系。本章研究结果显示，异形叶形态结构（平均值）在不同径阶和树冠不同垂直空间上存在显著差异，异形叶形态结构无论是在时间上还是在空间上都是朝着叶面积越来越大、叶片越来越厚、栅栏组织越来越发达的方向发展，这些协同变化与个体发育阶段密切相关。这一结论与赵鹏宇等（2016）对胡杨4个发育阶段异形叶形态解剖学特征随胸径和冠高变化的研究结果一致。

对胡杨、灰杨异形叶形态性状主成分分析的结果表明，叶片周长、叶面积、叶片厚度和叶片长度4个性状是造成胡杨9个径阶间异形叶形态性状差异的主要因素。叶形指数、叶片周长、叶片厚度、叶面积及叶片宽度5个性状是造成灰杨9个径阶异形叶形态性状差异的主要因素。异形叶解剖结构性状主成分分析结果表明，表皮细胞数、表皮细胞宽度、栅栏组织细胞数、海绵组织厚度、栅栏组织厚度是造成胡杨9个径阶异形叶解剖结构性状差异的主要因素。表皮细胞数、栅栏组织细胞数、栅栏组织厚度和海绵组织厚度是造成灰杨9个径阶异形叶解剖结构性状差异的主要因素。综合分析认为，叶片周长、叶面积、叶片厚度、表皮细胞数、栅栏组织细胞数、栅栏组织厚度及海绵组织厚度在不同发育阶段的变化是胡杨、灰杨不同发育阶段异形叶形态结构差异的结构基础。

## 3.6.2　异形叶形态变化与生态适应

植物物种的适应性是生态脆弱性研究及生态学研究的重要内容（Schröter et al., 2005），而叶片作为植物暴露在环境中面积最大的器官，对环境扰动十分敏感（Wright et al., 2001）。在干旱条件下，叶片形态结构对干旱的适应策略主要是向着增强储水性、降低蒸腾、提高光合效率等 3 个方面发展。叶片的形态适应性能够最先反映植物对环境的适应性（杨超和梁宗锁，2008；王勋陵和马骥，1999）。例如，为了适应干旱环境，荒漠区植物尽最大可能改变自身的形态特征，如叶面积减小、叶片退化为同化枝、气孔下陷、叶片加厚等，以此来抵抗干旱胁迫对植物的不利影响。在叶形态适应性方面，植物叶片的加厚被认为是对干旱和强辐射胁迫的一种响应（Berli et al., 2013；Mendes et al., 2001），叶片越厚，叶片的储水、保水及抗旱能力越强（潘昕等，2015；张义等，2014；张盼盼等，2013；董建芳等，2009），水分散失越慢，在炎热的环境下可降低水分蒸腾速率，缓解高温对叶片的伤害（申惠翡等，2016）。在极端干旱区，昼夜温差大、太阳辐射强、空气干燥，植物极易受到生理性干旱的胁迫，其叶片必然形成与之相适应的形态结构（江川等，2011）。

我们的研究表明，胡杨和灰杨异形叶的形态结构随着胸径和冠高的增加而协同变化，即异形叶形态无论是在时间上还是在空间上都是朝着叶面积越来越大、叶柄越来越长、叶片越来越厚的方向协调发展。胡杨、灰杨在个体发育过程中通过异形叶形态的协调改变逐步获取适应干旱胁迫的抗旱能力。例如，胡杨、灰杨叶柄变长更有利于叶柄的运动而使叶片更多的接受光照，而随着叶面积的增大其叶脉密度也越大（冯梅，2014），为提高光合效率奠定了基础；叶片越厚，其储水、保水及抗旱能力就越强，越能抵抗干旱胁迫对其的不利影响。此外，较大的叶面积也代表了较强的蒸腾作用，而对高大的木本植物而言，蒸腾作用对于应对土壤干旱、大气干燥带来的生理性干旱，以及树高变化带来的水分胁迫都是极其重要的，这可能也是胡杨、灰杨各发育阶段叶面积最大的叶总是分布在树冠上部的原因。

## 3.6.3　异形叶解剖结构变化与生态适应

叶片解剖结构特征是响应环境变化、反映植物对环境适应能力的最重要指标（Mott et al., 1982；Bradshaw, 1965）。已有的研究认为，叶片和表皮系统越厚，表皮细胞越大，叶片的储水、保水及抗旱能力越强（潘昕等，2015；张义等，2014；张盼盼等，2013；董建芳等，2009），水分散失越慢，在炎热的环境下可降低水分蒸腾速率，缓解高温对叶片的伤害（申惠翡等，2016）；表皮细胞越长，其控制水分的能力越强（蔡永立和宋永昌，2001）。环境水分影响着叶片栅栏组织与海绵组织的分化程度，干旱会使叶肉的栅栏组织发达、细胞层数增加、海绵组织简化。Levitt（1980）认为，栅/海比是评价植物控制蒸腾失水的重要指标之一，栅栏组织和海绵组织厚度、细胞层数及栅栏组织细胞的形态变化等，必然影响叶绿体的分布和光合作用的效率，从而体现出植物对光照条件变化的适应。栅/海比大于 1 的植物通常被认为具有较好的抗寒抗旱性（石登红和陈训，2005），栅/海比越大，认为其耐寒耐旱性越强（张金玲等，2017；杨超和梁宗锁，2008）。叶片结构紧密度和疏松度是表示叶片栅栏组织、海绵组织与叶片厚度之间关系的重要指标。叶片结构紧密度越大，说明栅栏组织越厚，叶肉细胞排列越紧密，这样可避免强光带来的影响（张义等，2014），可利用衍射光进行光合作用，这些都能极大地提高光合速率（刘蕊等，2013；寇建村等，2008；李芳兰和包维楷，2005）；而叶片结构疏松度越大，说明叶肉细胞排列较疏松，其抗旱能力越弱（钟悦鸣等，2017；潘昕等，2015；李芳兰和包维楷，2005）。

　　胡杨的异形叶为两面叶，具有发达的双层栅栏组织，海绵组织简单，旱生结构明显（杨赵平等，2011；李志军等，1996）。同一成年植株上叶面积较大的阔卵形叶较叶面积较小的卵形叶、披针形叶旱生结构更发达（丁伟等，2010；杨树德等，2005；Li and Zheng，2005；Wang et al.，1998）。不同发育阶段的胡杨，其异形叶解剖结构具有随胸径增加而变化的规律（赵鹏宇等，2016）。我们的研究表明，胡杨和灰杨异形叶的解剖结构无论是在时间上还是空间上都是朝着栅栏组织越来越发达、海绵组织越来越退化、栅/海比越来越大及叶片组织结构疏松度越来越小的方向协调发展。胡杨、灰杨在个体发育过程中通过其异形叶解剖结构的协调改变逐步获取适应干旱胁迫的抗旱能力。胡杨、灰杨异形叶形态结构随个体发育阶段而变化是胡杨、灰杨适应干旱的重要策略之一。

## 主要参考文献

白潇, 李毅, 苏世平, 等. 2013. 不同居群唐古特白刺叶片解剖特征对生境的响应研究. 西北植物学报, 33(10): 1986-1993.

蔡永立, 宋永昌. 2001. 浙江天童常绿阔叶林藤本植物的适应生态学 I. 叶片解剖特征的比较. 植物生态学报, 25(1): 90-98, 130-131.

蔡永立, 王希华, 宋永昌. 1999. 中国东部亚热带青冈种群叶片的生态解剖. 生态学报, (6): 844-849.

崔秀萍, 刘果厚, 张瑞麟. 2006. 浑善达克沙地不同生境下黄柳叶片解剖结构的比较. 生态学报, (6): 1842-1847.

戴建良, 董源, 陈晓阳, 等. 1999. 不同种源侧柏鳞叶解剖构造及其与抗旱性的关系. 北京林业大学学报, 21(1): 26-32.

丁伟, 杨振华, 张世彪, 等. 2010. 青海柴达木地区野生胡杨叶的形态解剖学研究. 中国沙漠, 30(6): 1411-1415.

董建芳, 李春红, 刘果厚, 等. 2009. 内蒙古 6 种沙生柳树叶片解剖结构的抗旱性分析. 中国沙漠, 29(3): 480-484.

方精云, 费松林, 樊拥军. 2000. 贵州梵净山亮叶水青冈解剖特征的生态格局及主导因子分析. 植物学报, 42(6): 636-642.

费松林, 方精云, 樊拥军. 1999. 贵州梵净山亮叶水青冈叶片和木材的解剖学特征及其与生态因子的关系. 植物学报, 41(9): 1002-1009.

冯梅. 2014. 胡杨野性变化与个体发育阶段的关系研究. 塔里木大学硕士学位论文.

高洁, 张尚云, 傅美芬, 等. 1997. 干热河谷主要造林树种旱性结构的初步研究. 西南林学院学报, 17(2): 59-63.

何维明, 张新时. 2001. 沙地柏叶型变化的生态意义. 云南植物研究, (4): 433-438.

贺金生, 陈伟烈, 王勋陵. 1994. 高山栎叶的形态结构及其与生态环境的关系. 植物生态学报, 18(3): 219-227.

江川, 罗大庆, 王立辉. 2011. 西藏半干旱区 5 种灌木叶片结构的抗旱特征研究. 西北林学院学报, 26(4): 13-17.

寇建村, 杨文权, 贾志宽, 等. 2008. 不同紫花苜蓿品种叶片旱生结构的比较. 西北农林科技大学学报(自然科学版), 36(8): 67-72.

李芳兰, 包维楷. 2005. 植物叶片形态解剖结构对环境变化的响应与适应. 植物学通报, 22(增刊): 118-127.

李晓储, 黄利斌, 张永兵, 等. 2006. 四种含笑叶解剖性状与抗旱性的研究. 林业科学研究, 19(2): 177-181.

李志军, 吕春霞, 段黄金. 1996. 胡杨和灰叶胡杨营养器官的解剖学研究. 塔里木农垦大学学报, 8(2): 21-25.

李周, 赵雅洁, 宋海燕, 等. 2018. 不同水分处理下喀斯特土层厚度异质性对两种草本叶片解剖结构和光合特性的影响. 生态学报, 38(2): 721-732.

刘蕊, 范海阔, 张军. 2013. 5 个椰子品种植株叶片解剖结构的观察. 热带作物学报, 34(4): 690-694.

孟庆杰, 王光全, 董绍锋, 等. 2004. 桃叶片组织解剖结构特征与其抗旱性关系的研究. 干旱地区农业研究, 22(3): 123-126.

潘昕, 邱权, 李吉跃, 等. 2015. 基于叶片解剖结构对青藏高原 25 种灌木的抗旱性评价. 华南农业大学学报, 36(2): 61-68.

彭威, 张友民. 2010. 蔷薇属 3 种植物叶片的比较解剖结构及其与抗旱性的关系. 吉林林业科技, 39(4): 1-4.

乔琦, 邢福武, 陈红锋, 等. 2010. 中国特有濒危植物伯乐树叶的结构特征. 植物科学学报, 28(2): 229-233.

申惠翡, 赵冰, 徐静静. 2016. 15 个杜鹃花品种叶片解剖结构与植株耐热性的关系. 应用生态学报, 27(12): 3895-3904.

石登红, 陈训. 2005. 6 种杜鹃花属(*Rhododendron*)植物叶片结构的研究. 贵州科学, 23(3): 39-45.

孙善文, 章永江, 曹坤芳. 2014. 热带季雨林不同小生境大戟科植物幼树的叶片结构、耐旱性和光合能力之间的相关性. 植物生态学报, 38(4): 311-324.

王勋陵, 马骥. 1999. 从旱生植物叶结构探讨其生态适应的多样性. 生态学报, 19(6): 787-792.

杨超, 梁宗锁. 2008. 陕北撂荒地上优势蒿类叶片解剖结构及其生态适应性. 生态学报, 28(10): 4732-4738.

杨九艳, 杨劼, 杨明博, 等. 2005. 鄂尔多斯高原锦鸡儿属植物叶的解剖结构及其生态适应性. 干旱区资源与环境, 19(3): 175-179.

杨树德, 郑文菊, 陈国仓, 等. 2005. 胡杨披针形叶与宽卵形叶的超微结构与光合特性的差异. 西北植物学报, 25(1): 14-21.

杨赵平, 刘琴, 李志军. 2011. 胡杨雌雄株叶片的比较解剖学研究. 西北植物学报, 31(1): 79-83.

张海娜, 苏培玺, 李善家, 等. 2013. 荒漠区植物光合器官解剖结构对水分利用效率的指示作用. 生态学报, 33(16): 4909-4918.

张金玲, 李玉灵, 庞梦丽, 等. 2017. 臭柏异形叶解剖结构及其抗旱性的比较. 西北植物学报, 37(9): 1756-1763.

张盼盼, 慕芳, 宋慧, 等. 2013. 糜子叶解剖结构与其抗旱性关联研究. 农业机械学报, 44(5): 119-126.

张义, 王得祥, 宋彬, 等. 2014. 基于叶解剖结构的西宁市 11 种城市森林植物抗旱性评价. 西北农林科技大学学报(自然科学版), 42(8): 86-94.

赵鹏宇, 冯梅, 焦培培, 等. 2016. 胡杨不同发育阶段叶形态解剖学特征及其与胸径的关系. 干旱区研究, 33(5): 1071-1080.

钟悦鸣, 董芳宇, 王文娟, 等. 2017. 不同生境胡杨叶片解剖特征及其适应可塑性. 北京林业大学学报, 39(10): 53-61.

周智彬, 李培军. 2002. 我国旱生植物的形态解剖学研究. 干旱区研究, 19(1): 35-40.

Berli F J, Alonso R, Bressan-Smith R, et al. 2013. UV-B impairs growth and gas exchange in grapevines grown in high altitude. Physiologia Plantarum, 149(1): 127-140.

Bone R A, Lee D W, Norman J M. 1985. Epidermal cells functioning as lenses in leaves of tropical rain-forest shade plants. Applied Optics, 24(10): 1408-1412.

Bradshaw A D. 1965. Evolutionary significance of phenotypic plasticity in plants. Genetics, 13(1): 115-155.

Kuwabara A, Tsukaya H, Nagata T. 2001. Identification of factors that cause heterophylly in *Ludwigia arcuata* Walt. (Onagraceae). Plant Biology, 3(1): 98-105.

Lee D W, Bone R A, Tarsis S L, et al. 1990. Correlates of leaf optical properties in tropical forest sun and extreme-shade plants. American Journal of Botany, 77(3): 370-380.

Levitt J. 1980. Responses of plants to environmental stresses. New York: Academic Press, 63-167.

Li Z X, Zheng C X. 2005. Structural characteristics and eco-adaptability of heteromorphic leaves of *Populus euphratica*. Forestry Studies in China, 7(1): 11-15.

Mendes M M, Gazarini L C, Rodrigues M L. 2001. Acclimation of *Myrtus communis* to contrasting Mediterranean light environments-effects on structure and chemical composition of foliage and plant water relations. Environmental and Experimental Botany, 45(2): 165-178.

Mott K A, Gibson A C, O'Leary J W. 1982. The adaptive significance of amphistomatic leaves. Plant Cell & Environment, 5(6): 455-460.

Naz N, Hameed M, Nawaz T, et al. 2013. Structural adaptations in the desert halophyte *Aeluropus lagopoides* (Linn.) Trin. ex Thw. under high salinity. Journal of Biological Research-Thessaloniki, 19: 150-164.

Schröter D, Cramer W, Leemans R, et al. 2005. Ecosystem service supply and vulnerability to global change in Europe. Science, 310(5752): 1333-1337.

Wang H L, Yang S D, Zhang C L. 1998. The photosynthetic characteristics of differently shaped leaves in *populus euphratica* Olivier. Photosynthetica, 34(4): 545-553.

Wright I J, Reich P B, Westoby M. 2001. Strategy shifts in leaf physiology, structure and nutrient content between species of high- and low-rainfall and high- and low-nutrient habitats. Functional Ecology, 15(4): 423-434.

# 第 4 章 异形叶光合水分生理特性与个体发育阶段的关系

植物是环境变化的指示器，叶片是植物的主要光合器官，也是对环境变化较为敏感的营养器官，叶片特征能体现环境变化对植物的影响或植物对环境的适应（He et al.，2008）。叶片形态对叶片功能（如光合作用、蒸腾作用和能量平衡）有较大影响（Leigh et al.，2011；Larcher，2003），不同类型的异形叶具有不同的功能特征。为适应环境变化，异形叶在适应环境变化方面可能起着重要的作用（Wells and Pigliucci，2000；Winn，1999）。例如，水中植物叶片形态有利于水下条件的气体交换（Mommer and Visser，2005；Kuwabara and Nagata，2002）；生长在半干旱环境中的臭柏（*Sabina vulgaris*），其鳞叶的抗旱保水性、耐辐射能力和水分利用效率均高于针叶，光合产物积累小于针叶，鳞叶对干旱环境有较强的适应能力（张金玲等，2017；何维明和张新时，2001）。由于鳞叶具有较高的光合速率、较强的耐光性和更高的水分利用效率，在林冠表面上的鳞叶似乎更有效率，认为臭柏鳞叶和针叶形态及生理特征差异可能与冠状部位和生长阶段有关（Tanaka-Oda et al.，2010）。

胡杨同一个体上阔卵形叶较披针形叶的旱生结构更发达，RuBP 羧化酶/PEP 羧化酶值较低，稳定碳同位素比值（$\delta^{13}C$）较高（杨树德等，2005；Wang et al.，1997），阔卵形叶净光合速率和蒸腾速率始终高于披针形叶，在叶温较高时，阔卵形叶能够通过提高蒸腾作用来增强吸水力和降低自身温度以进行自我保护（郑彩霞等，2006；邱箭等，2005），同时阔卵形叶具有相对较强的耐高光强和水分亏缺胁迫的能力（王海珍等，2014；白雪等，2011），阔卵形叶 $\delta^{13}C$ 和水分利用效率较披针形叶高，预示着阔卵形叶所受的环境胁迫强度高于披针形叶（苏培玺和严巧娣，2008；马剑英等，2007；杨树德等，2005；Wang et al.，1997），阔卵形叶积累渗透调节物质的能力强于披针形叶，表明阔卵形叶的抗旱性强于披针形叶（余伟莅等，2009；杨树德等，2004）。上述研究表明，胡杨同一个体上不同的异形叶具有不同的生理功能。有研究报道，胡杨异形叶形态结构、养分和碳水化合物含量等与个体发育阶段和树冠垂直空间分布部位有关（赵鹏宇等，2016；李加好等，2015；冯梅等，2014；黄文娟等，2010），但胡杨、灰杨异形叶的生理功能在个体发育过程中是如何变化的，是否与个体发育阶段和树冠垂直空间分布部位有关，目前尚未见报道。本研究以同一立地条件下不同发育阶段的胡杨和灰杨为研究对象，研究了胡杨异形叶生理特征随个体发育阶段的变化规律，阐明了胡杨异形叶生理功能的变化与个体发育阶段和冠状部位的关系。可为进一步揭示异形叶性在胡杨、灰杨生长适应策略中的生物学意义奠定基础。

## 4.1 研 究 方 法

### 4.1.1 研究区概况

研究区概况同第 2 章 "2.1.1 研究区概况"。

## 4.1.2 试验设计

径阶划分及样本确定方法同第 2 章"2.1.2 试验设计"。以胡杨 4 径阶、8 径阶、12 径阶、16 径阶、20 径阶，灰杨 8 径阶、12 径阶、16 径阶、20 径阶为研究对象，在各径阶随机选取 3 株作为重复样株，胡杨、灰杨样本数分别为 15 个、12 个。

## 4.1.3 采样方法

用围尺测量样株胸径，以全站仪测量样株树高和枝下高，以 2m 为间距在树高 2m、4m、6m、8m、10m、12m 处取样。在每个取样点按东、南、西、北 4 个方位采集当年生枝条，每个取样点采集 30 个枝条。以枝条基部开始的第 4 节位叶为样叶，每个取样点采集 30 个样叶用于叶片形态、解剖结构、干重、$\delta^{13}C$、脯氨酸含量和丙二醛含量的测定。用于脯氨酸和丙二醛含量测定的叶片采集后用液氮保存。

## 4.1.4 叶形态和叶片干重的测定

使用 MRS-9600TFU2 扫描仪、万深 LA-S 植物图像分析软件测量叶片长度、叶片宽度和叶面积，并计算叶形指数（叶片长度/叶片宽度）。

将采集的叶片进行 105℃杀青（10min）处理，65℃下烘至恒重。恒重后放入干燥器中冷却至室温，用精度 0.001g 电子天平称干重，并计算比叶重（干重/叶面积）。

## 4.1.5 叶片解剖结构指标测定

在叶片最宽处横切材料，用 FAA 固定液保存。采用石蜡制片法制作组织切片，切片厚度 8μm，番红-固绿双重染色，中性树脂封片。在 Leica 显微镜下观察测定叶片厚度、角质层厚度、栅栏组织厚度、海绵组织厚度，计算栅/海比。每叶片观测 5 个视野，每视野观测 20 个值，5 个视野叶片结构参数的平均值为每叶片解剖结构参数值。

## 4.1.6 叶片生理指标测定

### 4.1.6.1 光合水分生理指标的测定

7 月中旬选择晴天，在 11：00～13：00 采集当年生枝条（将采集好的枝条立刻用保鲜膜包住切口），采集当年生枝条基部开始的第 4 节位叶片，使用 Li-6400 光合仪测定叶片的气体交换参数：净光合速率、蒸腾速率、气孔导度和胞间 $CO_2$ 浓度，并计算叶片瞬时水分利用效率（净光合速率/蒸腾速率）。每个取样点测 10 个叶片，3 次重复。

## 4.1.6.2 稳定碳同位素比值的测定

将测定完形态指标参数的叶片用蒸馏水漂洗，在烘箱105℃杀青（10min）处理，然后在65℃温度下烘48h至恒重，用粉碎机粉碎后过90目筛制成测试样品。采用稳定气体同位素质谱仪，植物碳同位素分析样品制备系统为玻璃真空系统，接通燃烧炉电源，炉温控制在1000℃，系统抽真空后通$O_2$，将盛有胡杨叶片样品的瓷勺放置在燃烧管中，在高温区燃烧2min，然后冷冻收集并纯化二氧化碳（$CO_2$）气体，在纯化后的$CO_2$气体的条件下测定碳同位素组成。

## 4.1.6.3 丙二醛和脯氨酸含量的测定

叶片脯氨酸含量采用酸性茚三酮法测定。操作步骤为：称取叶片鲜样0.5～1.0g，放入研钵或匀浆器中，加入3ml 80%乙醇和少许石英砂研成匀浆，移入具塞刻度试管中，并用80%乙醇冲洗研钵，匀浆液与洗液合并总量为10ml，加盖后沸水浴煮沸10min，再加活性炭粉末0.25g，振荡过滤，之后再加入10ml样品提取液和1g人造沸石，摇荡10min并滤去人造沸石。滤液中加入上述过滤样液2ml、冰醋酸2ml、茚三酮试剂2ml，摇匀后加盖，于沸水中煮沸10～15min，冷却后于515nm波长下比色，计算叶片脯氨酸含量。

叶片丙二醛含量采用硫代巴比妥酸显色法测定。操作步骤为：称取叶片材料1g，剪碎，加入2ml 10%的三氯乙酸和少量石英砂研磨，再加入8ml 10%的三氯乙酸充分研磨后，4000r/min离心10min，取上清液（即样品提取液）2ml，加入2ml 0.6%的硫代巴比妥酸，混匀，于沸水浴中反应15min，迅速冷却后离心。以2ml蒸馏水代替提取液作为对照。取上清液测定532nm、450nm和600nm波长处的OD值，计算叶片丙二醛含量。

### 4.1.7 数据统计分析方法

用DPS 7.05软件进行单因素方差分析，并进行相关性分析，检验各指标间的相关性。

## 4.2 异形叶形态随径阶和树高的变化规律

### 4.2.1 胡杨异形叶形态随径阶和树高的变化规律

如图4-1和图4-2所示，胡杨叶片长度除了4径阶以外是随异形叶所在树高增加呈减小趋势；叶形指数在4～20径阶总体上随径阶、异形叶所在树高增加呈减小趋势；叶宽度、叶面积、叶片厚度、比叶重在4～20径阶总体上随径阶、异形叶所在树高增加呈增大趋势。各径阶树冠最高取样处的叶片与树高2m处的相比，叶片明显变得更大、更厚。结果表明，胡杨异形叶形态（叶片厚度和比叶重）随发育阶段和异形叶所在树高的不同而异，在各发育阶段叶面积最大、叶片最厚的异形叶总是分布在树冠的最高层（与第3章的结论是一致的）。

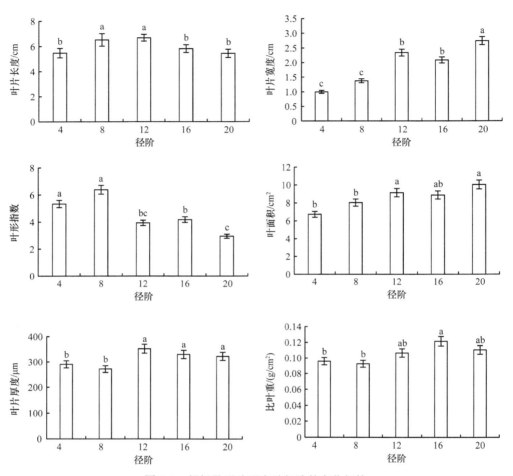

图 4-1 胡杨异形叶形态随径阶的变化规律

各小图柱子上方不含有相同小写字母代表不同径阶间差异显著（$P<0.05$），本章下同

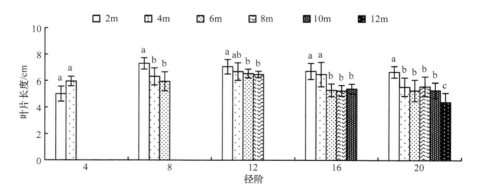

# 第 4 章　异形叶光合水分生理特性与个体发育阶段的关系

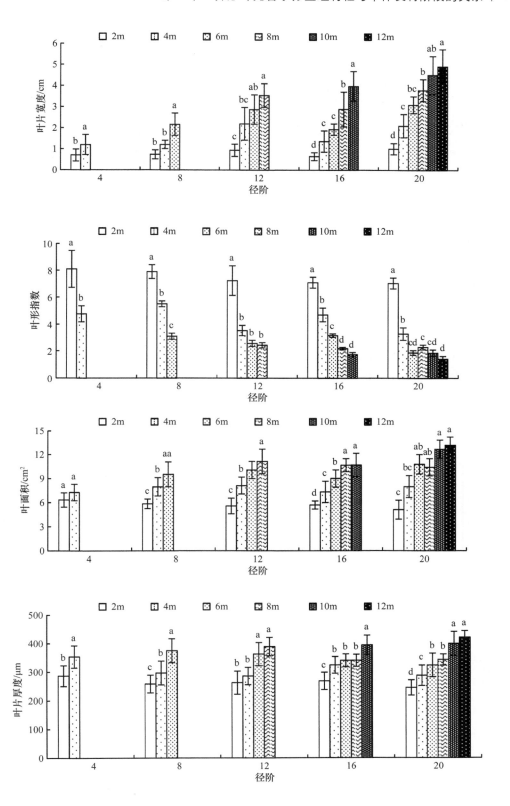

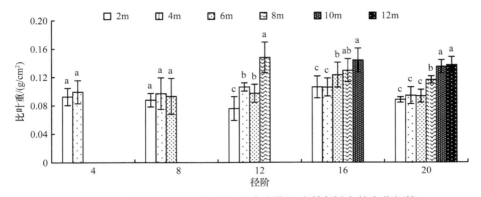

图 4-2 胡杨异形叶形态在各径阶随异形叶所在树高的变化规律

各小图每组柱子上方不含有相同小写字母代表同一径阶不同取样高度间差异显著（$P<0.05$）；图例为树高，本章下同

### 4.2.2 灰杨异形叶形态随径阶和树高的变化规律

如图 4-3 所示，灰杨异形叶叶片宽度和叶面积随径阶增加呈增加趋势，叶形指数随径阶增加呈减小趋势，并在 20 径阶与 8 径阶存在显著差异（$P<0.05$）。图 4-4 显示，灰杨异形叶叶片长度、叶片宽度、叶片厚度和叶面积在各径阶均随树高增加呈增大趋势，叶形指数随树高增加呈减小趋势，除了 8 径阶的叶形指数外，叶片长度、叶片宽度、叶片厚度、叶面积和叶形指数在各径阶均呈现树高 2m 与最高层存在显著差异（$P<0.05$）。结果说明，灰杨异形叶的形态随发育阶段和异形叶所在树高不同而异，在各发育阶段叶面积最大的异形叶总是分布在树冠的最高层。

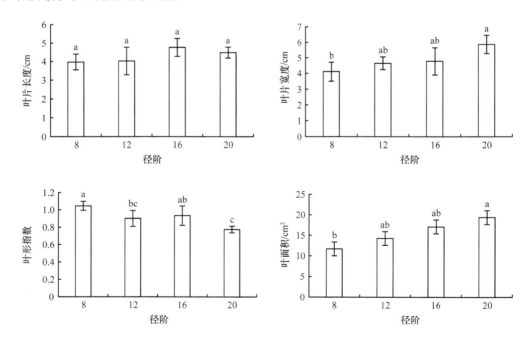

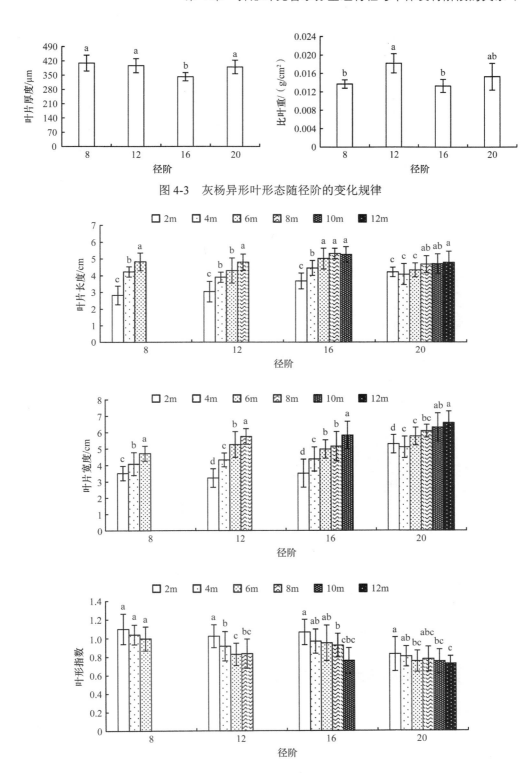

图 4-3 灰杨异形叶形态随径阶的变化规律

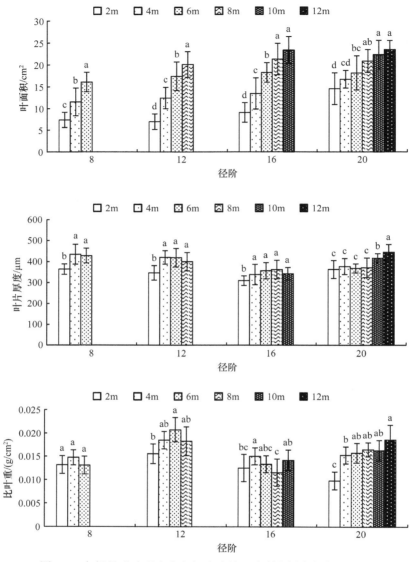

图 4-4　灰杨异形叶形态在各径阶随异形叶所在树高的变化规律

## 4.3 异形叶解剖结构随径阶和树高的变化规律

### 4.3.1 胡杨异形叶解剖结构随径阶和树高的变化规律

如图 4-5 和图 4-6 所示，胡杨异形叶栅栏组织厚度在 4～20 径阶随径阶、异形叶所在树高增加呈增加趋势；栅/海比及角质层厚度随径阶增加呈增大趋势；海绵组织厚度在不同径阶间无显著差异，在 8 径阶随异形叶所在树高增加呈增加趋势，在 16～20 径阶随异形叶所在树高增加呈现先增大后减小的趋势。与树高 2m 处相比，各径阶树冠最高取样处异形叶的栅栏组织厚度、角质层厚度、栅/海比更大。初步表明,胡杨异形叶解剖结构随个体发育阶段和异形叶所在树高增加表现出更加明显的旱生结构特点。

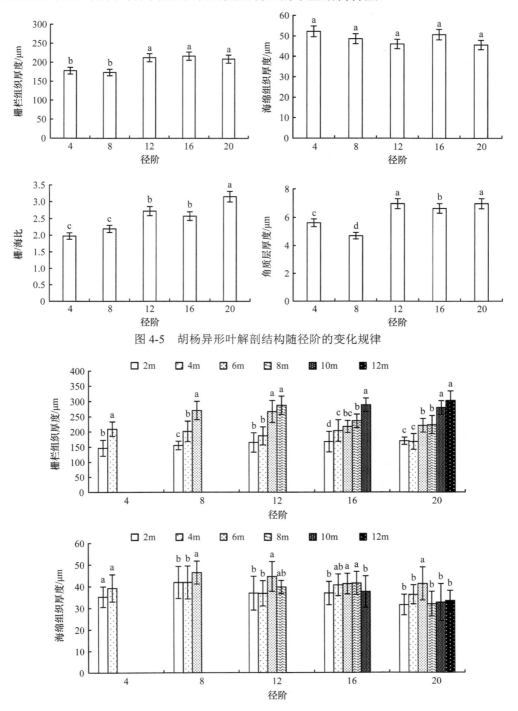

图 4-5　胡杨异形叶解剖结构随径阶的变化规律

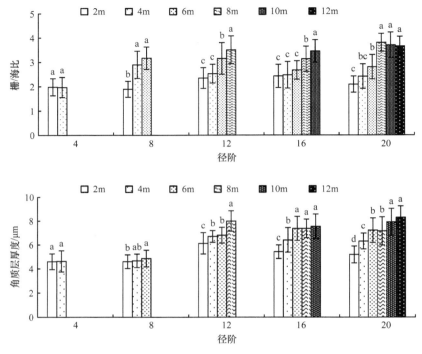

图 4-6　胡杨异形叶解剖结构在各径阶随异形叶所在树高的变化规律

### 4.3.2　灰杨异形叶解剖结构随径阶和树高的变化规律

如图 4-7 和图 4-8 所示，灰杨异形叶栅栏组织厚度在 12 径阶不同树高间无明显变化，

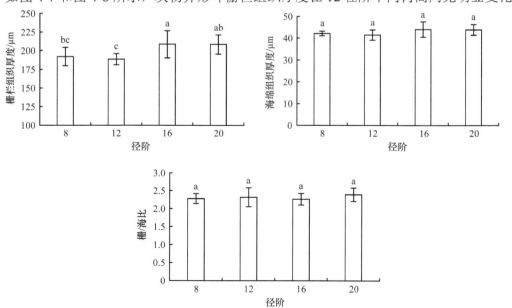

图 4-7　灰杨异形叶解剖结构随径阶的变化规律

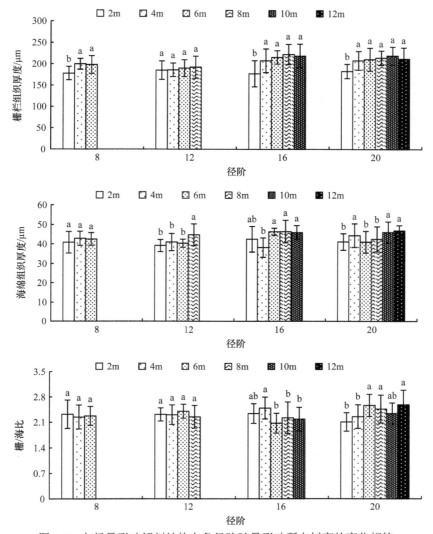

图 4-8 灰杨异形叶解剖结构在各径阶随异形叶所在树高的变化规律

在 8 径阶、16 径阶和 20 径阶随异形叶所在树高增加呈增加趋势,树高 2m 处与 12m 处差异显著($P<0.05$);海绵组织厚度在 8 径阶不同树高间无明显变化,在 12 径阶、16 径阶和 20 径阶随异形叶所在树高增加呈增加趋势;栅/海比在 8 径阶、12 径阶不同树高间无明显变化。灰杨异形叶解剖结构随异形叶所在树高增加表现出明显的旱生结构特点。

## 4.4 异形叶光合生理特性随径阶和树高的变化规律

### 4.4.1 胡杨异形叶光合生理特性随径阶和树高的变化规律

如图 4-9 和图 4-10 所示,胡杨异形叶净光合速率随径阶、异形叶所在树高增加呈增大趋势,各径阶最高取样处叶片净光合速率与树高 2m 处的差异显著。蒸腾速率随径阶增加呈增大趋势，但在 4 径阶、8 径阶、12 径阶、16 径阶的不同树高间无明显变化，在 20 径阶随异形叶所在树高增加呈增大趋势，树高 12m 处叶片的蒸腾速率与树高 2m 处叶片的蒸腾速率差异极显著。胞间 $CO_2$ 浓度在 12 径阶、16 径阶、20 径阶随异形叶所在树高增加呈减小趋势，最高取样树高处叶片的胞间 $CO_2$ 浓度显著低于 2m 处叶片的胞间 $CO_2$ 浓度，变化幅度最大的是 20 径阶，胞间 $CO_2$ 浓度降低了 22.55%。气孔导度在 8 径阶、12 径阶、16 径阶、20 径阶基本上呈现随异形叶所在树高增加而增大的趋势。结果表明，胡杨异形叶光合能力随径阶和异形叶所在树高增加有增强的趋势。

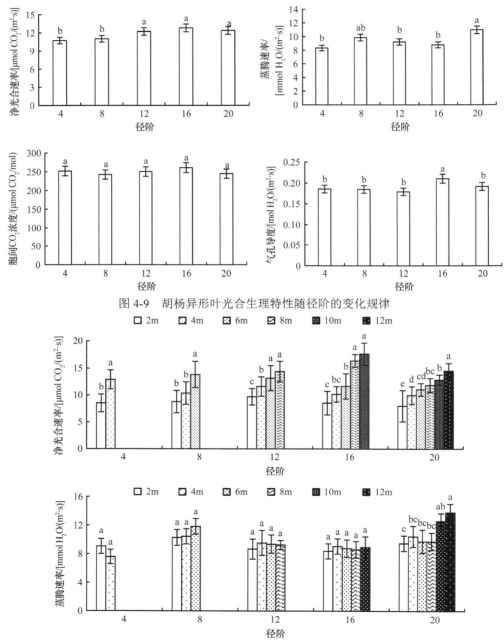

图 4-9 胡杨异形叶光合生理特性随径阶的变化规律

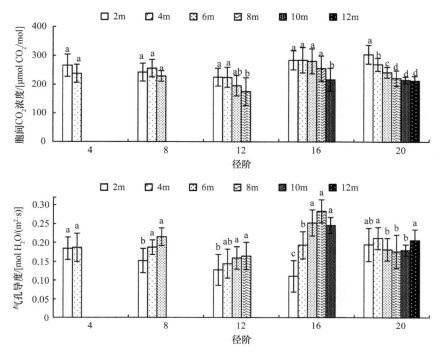

图 4-10 胡杨异形叶光合生理特性在各径阶随异形叶所在树高的变化规律

## 4.4.2 灰杨异形叶光合生理特性随径阶和树高的变化规律

如图 4-11 和图 4-12 所示,灰杨异形叶净光合速率在各径阶随着异形叶所在树高的增

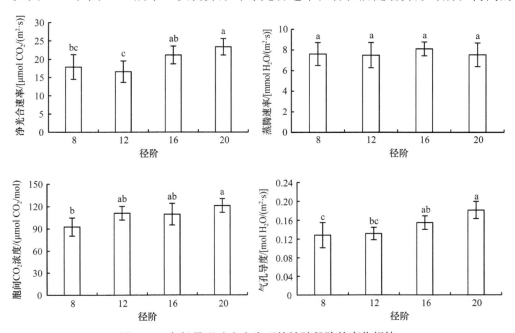

图 4-11 灰杨异形叶光合生理特性随径阶的变化规律

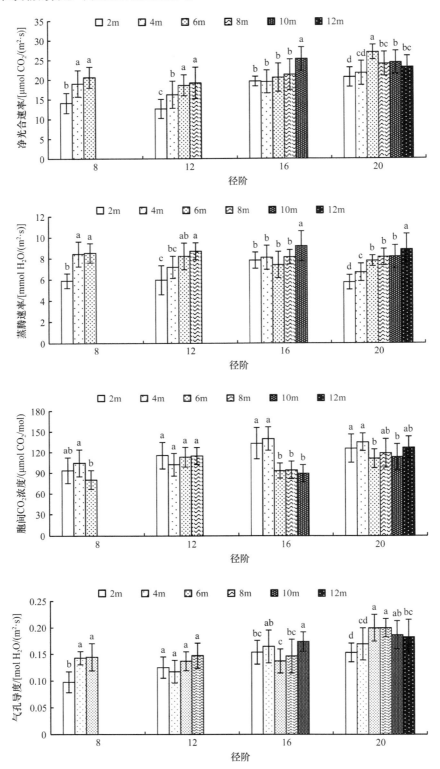

图 4-12 灰杨异形叶光合生理特性在各径阶随异形叶所在树高的变化规律

加呈增加趋势，净光合速率、蒸腾速率在 16 径阶的 2m、4m、6m 和 8m 树高之间无明显变化，但与 10m 处相比差异显著；胞间 $CO_2$ 浓度在 8 径阶、16 径阶随着异形叶所在树高增加呈减小趋势，12 径阶各树高间胞间 $CO_2$ 浓度无显著变化；气孔导度在 8 径阶、16 径阶、20 径阶随着异形叶所在树高增加呈增加的趋势，反映了灰杨异形叶光合能力在各径阶随异形叶所在树高增加有增强的趋势。

## 4.5 异形叶水分生理特性随径阶和树高的变化规律

### 4.5.1 胡杨异形叶水分利用效率随径阶和树高的变化规律

如图 4-13 和图 4-14 所示，胡杨异形叶瞬时水分利用效率在 4~16 径阶随径阶、树高

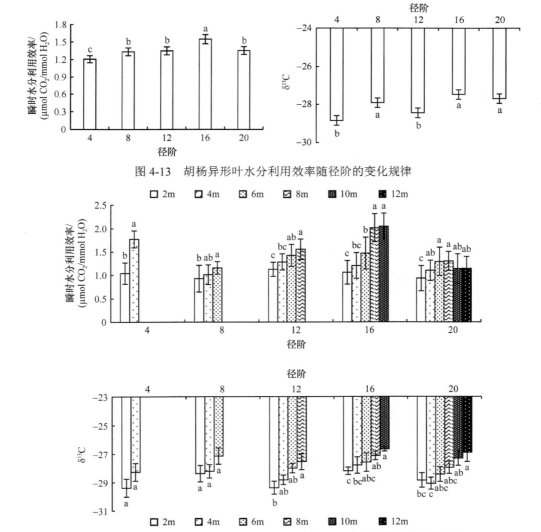

图 4-13 胡杨异形叶水分利用效率随径阶的变化规律

图 4-14 胡杨异形叶水分利用效率在各径阶随异形叶所在树高的变化规律

增加呈增加趋势,且各径阶最高取样处的叶片瞬时水分利用效率与树高 2m 处的差异显著,其中 16 径阶叶片瞬时水分利用效率增加的幅度最大,增加了 93.39%。胡杨叶片 $\delta^{13}C$ 随径阶增加呈增大趋势,在 12 径阶、16 径阶、20 径阶叶片 $\delta^{13}C$ 随异形叶所在树高增加呈增大趋势,且最高取样处的叶片 $\delta^{13}C$ 显著高于树高 2m 处的叶片 $\delta^{13}C$。说明胡杨异形叶的水分利用效率有随径阶和异形叶所在树高增加而增加的趋势。

### 4.5.2 灰杨异形叶水分利用效率随径阶和树高的变化规律

如图 4-15 和图 4-16 所示,灰杨异形叶瞬时水分利用效率随径阶增加呈增加的趋势,

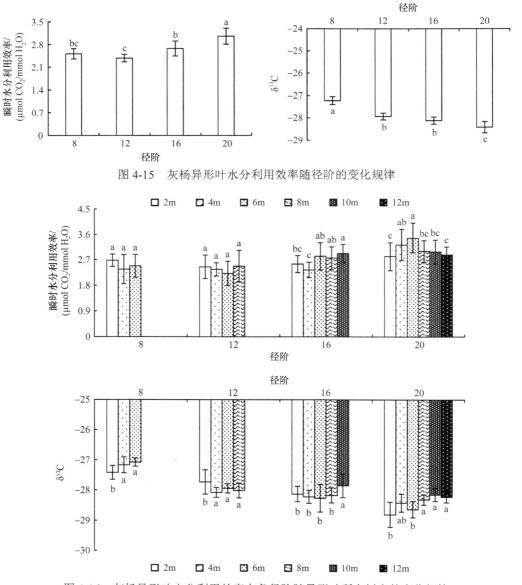

图 4-15 灰杨异形叶水分利用效率随径阶的变化规律

图 4-16 灰杨异形叶水分利用效率在各径阶随异形叶所在树高的变化规律

在 8 径阶、12 径阶随异形叶所在树高增加无明显变化，在 16 径阶随异形叶所在树高增加呈增加趋势，在 20 径阶则随异形叶所在树高增加呈先增加后降低的趋势。$\delta^{13}C$ 随径阶增加呈减小的趋势，在 8 径阶、12 径阶、16 径阶和 20 径阶则随异形叶所在树高增加呈增大趋势。

## 4.6 异形叶脯氨酸及丙二醛含量随径阶和树高的变化规律

### 4.6.1 胡杨异形叶脯氨酸及丙二醛含量随径阶和树高的变化规律

如图 4-17 和图 4-18 所示，除 4 径阶外，胡杨异形叶脯氨酸含量在各径阶随树高增加呈增加趋势。在各径阶最高取样树高处异形叶脯氨酸含量比树高 2m 处分别增加了 8.1%、62.98%、84.52%、11.85%、22.78%。胡杨异形叶丙二醛含量随径阶增加呈增加趋势；各

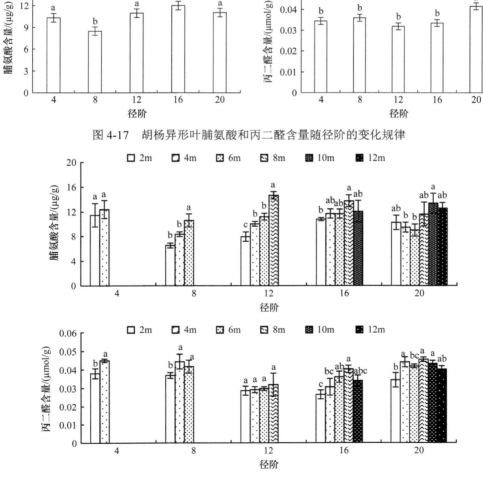

图 4-17　胡杨异形叶脯氨酸和丙二醛含量随径阶的变化规律

图 4-18　胡杨异形叶脯氨酸和丙二醛含量在各径阶随异形叶所在树高的变化规律

径阶异形叶丙二醛含量随异形叶所在树高增加呈增加趋势,各径阶最高取样处异形叶丙二醛含量比树高2m处分别增加了21.6%、13.88%、10.71%、26.92%、17.64%。

### 4.6.2 灰杨异形叶脯氨酸及丙二醛含量随径阶和树高的变化规律

如图4-19和图4-20所示,灰杨异形叶脯氨酸、丙二醛含量随着径阶的增加呈增加趋势,8径阶与20径阶差异显著;脯氨酸含量在16径阶、20径阶随着异形叶所在树高的增加呈先增加后减少的趋势,在12径阶则随异形叶所在树高的增加呈先减少后增加的趋势;丙二醛含量在12径阶、16径阶、20径阶随着异形叶所在树高的增加呈增加趋势但不同树高间差异不显著。

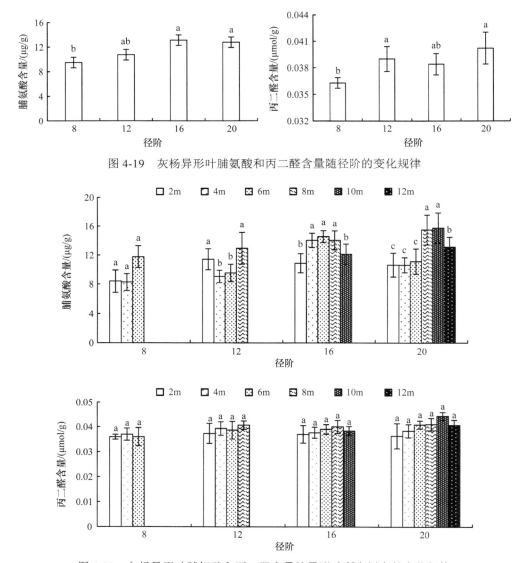

图4-19 灰杨异形叶脯氨酸和丙二醛含量随径阶的变化规律

图4-20 灰杨异形叶脯氨酸和丙二醛含量随异形叶所在树高的变化规律

## 4.7 异形叶形态结构及生理指标与胸径和树高的相关性

### 4.7.1 胡杨异形叶形态结构及生理指标与胸径和树高的相关性

由表 4-1 可知,胡杨异形叶叶片宽度、叶面积、叶片厚度、比叶重、栅栏组织厚度、角质层厚度和栅/海比均与胸径和异形叶所在树高呈极显著正相关($P<0.01$),叶片长度、叶形指数均与异形叶所在树高呈极显著负相关($P<0.01$),分别与胸径呈极显著($P<0.01$)、显著($P<0.05$)负相关。说明胡杨异形叶形态结构和解剖结构变化与胸径和异形叶所在树高密切相关(与第 3 章的结论一致)。

表4-1　胡杨异形叶形态及解剖结构指标与胸径和树高的Pearson相关系数($n=220$)

| 指标 | 叶片长度 | 叶片宽度 | 叶形指数 | 叶面积 | 叶片厚度 | 比叶重 | 栅栏组织厚度 | 海绵组织厚度 | 角质层厚度 | 栅/海比 |
| --- | --- | --- | --- | --- | --- | --- | --- | --- | --- | --- |
| 树高 | −0.57** | 0.93** | −0.83** | 0.85** | 0.82** | 0.84** | 0.85** | −0.25 | 0.82** | 0.88** |
| 胸径 | −0.93** | 0.97** | −0.79* | 0.93** | 0.93** | 0.94** | 0.92** | −0.66 | 0.96** | 0.91** |

*表示差异显著($P<0.05$);**表示差异极显著($P<0.01$),本章下同

由表 4-2 可知,胡杨异形叶净光合速率、蒸腾速率、$\delta^{13}C$、脯氨酸含量分别与异形叶所在树高和胸径呈极显著/显著正相关;胞间 $CO_2$ 浓度与异形叶所在树高和胸径呈极显著负相关;气孔导度、瞬时水分利用效率均仅与异形叶所在树高呈显著正相关。说明胡杨异形叶所在树高部位和胸径影响异形叶的光合能力、水分利用效率和脯氨酸渗透调节能力。

表4-2　胡杨异形叶生理指标与胸径和树高的Pearson相关系数($n=180$)

| 指标 | 净光合速率 | 蒸腾速率 | 气孔导度 | 胞间 $CO_2$ 浓度 | 瞬时水分利用效率 | $\delta^{13}C$ | 脯氨酸含量 | 丙二醛含量 |
| --- | --- | --- | --- | --- | --- | --- | --- | --- |
| 树高 | 0.83** | 0.51* | 0.48* | −0.58** | 0.49* | 0.79** | 0.64** | 0.31 |
| 胸径 | 0.86* | 0.89** | 0.72 | −0.96** | 0.33 | 0.94** | 0.85* | 0.67 |

相关性分析显示,胡杨异形叶形态结构指标参数与生理指标参数间存在极显著/显著相关关系(表 4-3),表明它们之间存在协同变化的关系。

表4-3 胡杨异形叶形态结构指标与生理指标的Pearson相关系数（$n=180$）

| 指标 | 叶片长度 | 叶片宽度 | 叶形指数 | 叶面积 | 叶片厚度 | 比叶重 | 栅栏组织厚度 | 海绵组织厚度 | 角质层厚度 | 栅海比 | 净光合速率 | 蒸腾速率 | 气孔导度 | 胞间$CO_2$浓度 | 瞬时水分利用效率 | $\delta^{13}C$ | 脯氨酸含量 | 丙二醛含量 |
|---|---|---|---|---|---|---|---|---|---|---|---|---|---|---|---|---|---|---|
| 叶片长度 | 1 | | | | | | | | | | | | | | | | | |
| 叶片宽度 | -0.45* | 1 | | | | | | | | | | | | | | | | |
| 叶形指数 | 0.57** | -0.88** | 1 | | | | | | | | | | | | | | | |
| 叶面积 | -0.35 | 0.93** | -0.87** | 1 | | | | | | | | | | | | | | |
| 叶片厚度 | -0.53* | 0.73** | -0.77** | 0.76** | 1 | | | | | | | | | | | | | |
| 比叶重 | -0.49* | 0.70** | -0.61** | 0.59** | 0.67** | 1 | | | | | | | | | | | | |
| 栅栏组织厚度 | -0.36 | 0.81** | -0.74** | 0.79** | 0.92** | 0.71** | 1 | | | | | | | | | | | |
| 海绵组织厚度 | -0.08 | -0.26 | 0.03 | -0.10 | 0.20 | -0.30 | 0.01 | 1 | | | | | | | | | | |
| 角质层厚度 | -0.52* | 0.86** | -0.78** | 0.78** | 0.61** | 0.79** | 0.66** | -0.28 | 1 | | | | | | | | | |
| 栅海比 | -0.34 | 0.84** | -0.73** | 0.81** | 0.70** | 0.74** | 0.81** | -0.39 | 0.70** | 1 | | | | | | | | |
| 净光合速率 | -0.34 | 0.79** | -0.75** | 0.72** | 0.84** | 0.74** | 0.88** | 0.02 | 0.65** | 0.69** | 1 | | | | | | | |
| 蒸腾速率 | -0.29 | 0.47* | -0.31 | 0.49* | 0.31 | 0.21 | 0.31 | -0.34 | 0.19 | 0.47* | 0.15 | 1 | | | | | | |
| 气孔导度 | -0.54* | 0.38 | -0.54* | 0.23 | 0.46* | 0.42 | 0.35 | 0.08 | 0.32 | 0.20 | 0.57* | 0.07 | 1 | | | | | |
| 胞间$CO_2$浓度 | -0.13 | -0.64** | 0.48* | -0.77** | -0.60** | -0.42 | -0.70** | -0.01 | -0.49* | -0.67** | -0.61** | -0.28 | 0.17 | 1 | | | | |
| 瞬时水分利用效率 | -0.24 | 0.48* | -0.54* | 0.38 | 0.58** | 0.57* | 0.58** | 0.23 | 0.53* | 0.32 | 0.82** | -0.42 | 0.56** | -0.33 | 1 | | | |
| $\delta^{13}C$ | -0.42 | 0.64** | -0.56* | 0.49* | 0.76** | 0.76** | 0.82** | -0.13 | 0.49* | 0.69** | 0.82** | 0.28 | 0.59** | -0.33 | 0.58** | 1 | | |
| 脯氨酸含量 | -0.54* | 0.52* | -0.62** | 0.53* | 0.69** | 0.79** | 0.60** | -0.02 | 0.66** | 0.53* | 0.63** | 0.01 | 0.41 | -0.29 | 0.58** | 0.58** | 1 | |
| 丙二醛含量 | -0.40 | 0.22 | -0.35 | 0.25 | 0.29 | 0.04 | 0.08 | 0.23 | -0.01 | 0.17 | 0.16 | 0.38 | 0.43 | -0.02 | 0.03 | 0.16 | 0.05 | 1 |

### 4.7.2 灰杨异形叶形态结构及生理指标与胸径和树高的相关性

由表 4-4 可知,灰杨异形叶叶片宽度、叶面积均与胸径和异形叶所在树高呈显著/极显著正相关;叶片长度、栅栏组织厚度、海绵组织厚度均与异形叶所在树高呈极显著正相关($P<0.01$);叶片厚度、比叶重、栅/海比均与异形叶所在树高和胸径无显著相关。说明灰杨异形叶形态结构变化与胸径和异形叶所在树高密切相关(与第 3 章的结论一致),胸径和异形叶所在树高影响灰杨异形叶的形态和解剖结构。

表4-4 灰杨异形叶形态结构指标与胸径和树高的Pearson相关系数($n$=198)

| 指标 | 叶片长度 | 叶片宽度 | 叶形指数 | 叶面积 | 叶片厚度 | 比叶重 | 栅栏组织厚度 | 海绵组织厚度 | 栅/海比 |
|---|---|---|---|---|---|---|---|---|---|
| 树高 | 0.77** | 0.85** | −0.71** | 0.92** | 0.41 | 0.38 | 0.75** | 0.73** | 0.29 |
| 胸径 | 0.34 | 0.63** | −0.72** | 0.54* | −0.24 | −0.05 | 0.51* | 0.33 | 0.24 |

由表 4-5 可知,灰杨异形叶净光合速率、气孔导度、脯氨酸含量、丙二醛含量均与异形叶所在树高和胸径呈极显著/显著正相关;蒸腾速率与异形叶所在树高呈极显著正相关($P<0.01$);瞬时水分利用效率与胸径呈极显著正相关($P<0.01$),$δ^{13}C$ 与胸径呈极显著负相关($P<0.01$);胞间 $CO_2$ 浓度与胸径呈显著正相关($P<0.05$)。说明灰杨异形叶所在树高和胸径影响异形叶的光合能力、水分利用效率和脯氨酸渗透调节能力。

表4-5 灰杨异形叶生理指标与胸径和树高的Pearson相关系数($n$=180)

| 指标 | 净光合速率 | 蒸腾速率 | 气孔导度 | 胞间 $CO_2$ 浓度 | 瞬时水分利用效率 | $δ^{13}C$ | 脯氨酸含量 | 丙二醛含量 |
|---|---|---|---|---|---|---|---|---|
| 树高 | 0.66** | 0.76** | 0.58** | −0.13 | 0.32 | −0.10 | 0.69** | 0.72** |
| 胸径 | 0.69** | 0.02 | 0.78** | 0.57* | 0.73** | −0.88** | 0.58** | 0.55* |

相关性分析显示,灰杨异形叶形态、结构和生理指标参数间存在极显著或显著相关关系(表 4-6),表明它们之间存在协同变化的关系。

表4-6 灰杨异形叶形态结构指标与生理指标的Pearson相关系数 (n=306)

| 指标 | 叶片长度 | 叶片宽度 | 叶形指数 | 叶面积 | 叶片厚度 | 比叶重 | 栅栏组织厚度 | 海绵组织厚度 | 栅海比 | 净光合速率 | 蒸腾速率 | 气孔导度 | 胞间$CO_2$浓度 | 瞬时水分利用效率 | $\delta^{13}C$ | 脯氨酸含量 | 丙二醛含量 |
|---|---|---|---|---|---|---|---|---|---|---|---|---|---|---|---|---|---|
| 叶片长度 | 1 | | | | | | | | | | | | | | | | |
| 叶片宽度 | 0.74** | 1 | | | | | | | | | | | | | | | |
| 叶形指数 | -0.55* | -0.93** | 1 | | | | | | | | | | | | | | |
| 叶面积 | 0.88** | 0.95** | -0.83** | 1 | | | | | | | | | | | | | |
| 叶片厚度 | 0.2 | 0.37 | -0.27 | 0.3 | 1 | | | | | | | | | | | | |
| 比叶重 | 0.01 | 0.31 | -0.4 | 0.24 | 0.54* | 1 | | | | | | | | | | | |
| 栅栏组织厚度 | 0.78** | 0.68** | -0.57* | 0.80** | 0.09 | 0.04 | 1 | | | | | | | | | | |
| 海绵组织厚度 | 0.66** | 0.59** | -0.42 | 0.72** | 0.22 | -0.05 | 0.62** | 1 | | | | | | | | | |
| 栅海比 | -0.1 | 0.24 | -0.26 | 0.13 | 0.19 | 0.56* | 0.12 | -0.24 | 1 | | | | | | | | |
| 净光合速率 | 0.72** | 0.81** | -0.75** | 0.80** | 0.05 | -0.02 | 0.74** | 0.52* | 0.18 | 1 | | | | | | | |
| 蒸腾速率 | 0.74** | 0.53* | -0.36 | 0.66** | 0.34 | 0.36 | 0.54* | 0.47* | 0.29 | 0.56* | 1 | | | | | | |
| 气孔导度 | 0.53* | 0.74** | -0.75** | 0.67** | 0 | 0.11 | 0.66** | 0.32 | 0.45 | 0.89** | 0.47* | 1 | | | | | |
| 胞间$CO_2$浓度 | -0.19 | 0.11 | -0.25 | -0.05 | -0.22 | 0.2 | -0.07 | -0.25 | 0.53* | 0.1 | -0.13 | 0.46* | 1 | | | | |
| 瞬时水分利用效率 | 0.22 | 0.54* | -0.59** | 0.46* | -0.17 | -0.19 | 0.53* | 0.41 | 0.06 | 0.71** | -0.06 | 0.66** | 0.12 | 1 | | | |
| $\delta^{13}C$ | -0.2 | -0.46* | 0.60** | -0.35 | 0.33 | 0.03 | -0.24 | -0.1 | -0.09 | -0.45 | 0.19 | -0.51* | -0.57* | -0.55* | 1 | | |
| 脯氨酸含量 | 0.75** | 0.69** | -0.50** | 0.76** | -0.03 | -0.01 | 0.74** | 0.56* | 0.21 | 0.65** | 0.51* | 0.63** | 0.17 | 0.36 | -0.39 | 1 | |
| 丙二醛含量 | 0.46** | 0.73** | -0.70** | 0.70** | 0.28 | 0.48** | 0.61** | 0.50* | 0.34 | 0.55* | 0.41 | 0.59** | 0.16 | 0.43 | -0.42 | 0.65** | 1 |

## 4.8 小结与讨论

### 4.8.1 异形叶形态结构随胸径和树高变化的生物学意义

叶片的特殊适应结构包括叶片形态、厚度、表面特征和其他解剖特征（Fang et al., 2000）。植物叶片越厚，储水能力越强，耐旱性越强（陈豫梅等，2001），角质层厚度与植物保水能力直接相关，可减少水分丧失（李志军等，1996），高度发达的栅栏组织既可避免干旱地区强烈光照对叶肉的灼伤，又可以有效利用衍射光进行光合作用（燕玲等，2000）。同一物种叶片特殊适应结构的差异可能是由不同的生态条件引起的，也可能与冠状部位和生长阶段有关（Tanaka-Oda et al., 2010; He et al., 2008; England and Attiwill, 2006）。England 和 Attiwill（2006）研究发现，*Eucalyptus regnans*（杏仁桉）叶面积和气孔大小随树高增加而减小，表皮厚度和气孔密度随树高增加而增加。He 等（2008）研究发现，望天树（*Parashorea chinensis*）的叶面积随树高增加而减小，而气孔密度和比叶重随树高增加而增大；叶片解剖结构包括叶片栅栏组织厚度、表皮厚度、角质层厚度、栅/海比、气孔密度和维管束密度均随树高增加而增大，树高均与这些叶指数显著相关，研究认为望天树的叶片形态结构和解剖结构随树高的增加表现出更强的旱生型结构，支持树高重力和水力阻力的影响可能逐渐增加树木高度的水分胁迫这一假设（Ryan and Yoder, 1997）。

我们的研究结果与上述结果有相似之处。胡杨异形叶叶面积、叶片厚度、比叶重、栅栏组织厚度、角质层厚度和栅/海比均与胸径和异形叶所在树高呈极显著正相关，而灰杨仅是叶面积和栅栏组织厚度与胸径和异形叶所在树高呈显著/极显著正相关，说明胡杨异形叶形态结构随胸径、异形叶所在树高增加表现出更强的抗旱结构特征；胡杨和灰杨异形叶片抗旱结构特征均与个体发育阶段和冠状部位（异形叶所在的树高部位）有关。有研究表明，由于随树高增加树体木质部水势减小，水压在树高梯度的差异会影响相应树高部位的叶片形态结构，树体上部叶片只有通过更加明显的旱生结构减少失水，来应对树木高度带来的水分胁迫（He et al., 2008; Ryan and Yoder, 1997）。分析认为，胡杨、灰杨异形叶形态结构特征在个体发育阶段和冠状部位的差异可能与应对环境干旱胁迫及树木高度带来的水分胁迫有关。

### 4.8.2 异形叶光合能力随胸径和树高变化的生物学意义

目前，关于高度限制的假设主要集中在高树水分运输限制的增加及由此导致的叶片光合作用的减少（Ryan and Yoder, 1997）。当树木长高，即使土壤水分充足，由于重力和路径阻力而增加的叶片水分胁迫可能最终会限制叶片的扩张和光合作用（Koch et al., 2004）。已有的研究表明，胡杨同一单株上分布在树冠上部的阔卵形叶比分布在树冠中下部的披针形叶更能耐大气干旱，具有较高的净光合速率和水分利用效率（王海珍等，2014；白雪等，2011；郑彩霞等，2006；邱箭等，2005），说明胡杨同一单株上不同的异形叶光合能力存在差异。我们研究发现，胡杨异形叶净光合速率、蒸腾速率与异形叶所在树高和胸径呈极显著/显著正相关，气孔导度仅与异形叶所在树高呈显著正相关，而胞间 $CO_2$

浓度与异形叶所在树高和胸径呈极显著负相关，灰杨与胡杨的不同之处在于蒸腾速率仅与异形叶所在树高呈极显著正相关，气孔导度与异形叶所在树高和胸径呈极显著正相关，胞间 $CO_2$ 浓度与胸径呈显著正相关。说明胡杨、灰杨的个体发育阶段、异形叶的冠状部位影响异形叶的光合能力。同时还发现，异形叶的光合能力与叶形指数、叶面积、叶片厚度、比叶重、角质层厚度、栅栏组织厚度及栅/海比存在显著相关关系，表明胡杨、灰杨异形叶光合能力不仅随个体发育阶段和异形叶所在树高变化，同时随异形叶形态及解剖结构发生协同变化。例如，胡杨异形叶叶面积增大的同时，叶片厚度、栅栏组织厚度及栅/海比也增大，叶面积、栅栏组织厚度、栅/海比的增大均有利于异形叶净光合速率的提高；叶面积的增大提高了水分利用效率，也确保了蒸腾速率的增加，而蒸腾速率增加提高了树顶端大叶水分吸收的动力，利于水分的上升。另外，比叶重是衡量叶片光合作用性能的一个参数，与叶片光合作用、叶面积、叶片氮含量、叶片的发育有关。比叶重随异形叶所在树高增加而增加，较高的比叶重可以积累更多的光合作用物质，增加组织密度和生物质量，使异形叶生产更多的有机物供自身生长所需。分析认为，胡杨、灰杨异形叶生理特征在个体发育阶段和冠状部位的差异与自身生长发育需求有关，可能与应对环境干旱胁迫及树木高度带来的水分胁迫也有关。胡杨、灰杨个体发育过程中通过异形叶形态结构和生理特性的协同变化来应对环境的变化，这对于高大木本植物在干旱荒漠环境生存和适应具有重要的生物学意义。

### 4.8.3 异形叶水分利用效率随胸径和树高变化的生物学意义

叶片瞬时水分利用效率和 $\delta^{13}C$ 是衡量水分利用效率的两个重要指标，特别是 $\delta^{13}C$，被用来衡量植物长期的水分利用效率。大量研究表明，干旱可以显著增加植物水分利用效率，高温可以显著减小植物水分利用效率（Xu et al.，2008；Monclus et al.，2006；Yin et al.，2005；Zhang et al.，2004；Vu et al.，2002；Kellomäki and Wang，2001；Gratani et al.，2000）。Yan 等（1998）研究了叶片 $\delta^{13}C$ 在温带落叶林的空间变化和种间变异，得到树木上部的叶子比下部的有更高 $\delta^{13}C$ 的结论。我们研究发现，胡杨异形叶瞬时水分利用效率及 $\delta^{13}C$ 均随异形叶所在树高的增加而增加，与异形叶所在树高呈显著/极显著正相关，说明异形叶所在树高的增加会影响胡杨异形叶水分利用效率，这个结果与前人（He et al.，2008；Koch et al.，2004；Yan et al.，1998；Sternberg et al.，1989）的发现是一致的。与胡杨不同的是，树高的增加不会影响灰杨瞬时水分利用效率和 $\delta^{13}C$，但胸径增加使灰杨异形叶的瞬时水分利用效率增加，使 $\delta^{13}C$ 减小，说明随着胸径的增加，灰杨异形叶长期利用水分的效率比胡杨低。我们还发现，胡杨异形叶 $\delta^{13}C$ 从 4 径阶才开始随胸径增加而增加，且与胸径呈显著正相关，同时 $\delta^{13}C$ 与叶面积、叶片厚度、比叶重呈显著/极显著正相关。显然，胡杨异形叶 $\delta^{13}C$ 与异形叶的形态结构、胸径、异形叶所在树高是协同变化的。较高的比叶重可以积累更多的光合作用物质、增加组织密度和生物质量，增加了对二氧化碳扩散的内在抵抗力，减少了光合作用，加重了水的限制，从而增加了 $\delta^{13}C$（Koch et al.，2004）。胡杨、灰杨异形叶叶面积、$\delta^{13}C$ 随胸径和异形叶所在树高增加而增大，使胡杨、灰杨个体发育过程的水分利用效率增加，这对于生存于干旱荒漠环境的高大木本植物具有极其重要的生物学意义。

### 4.8.4　异形叶渗透调节物质含量随胸径和树高变化的生物学意义

植物进化了复杂的机制来感知和适应水分亏缺。例如，植物可以通过最大限度地吸收水分来减少水分损失或积累一些渗透调节物质以应对压力，从而避免干旱（Ma et al.，2014）。丙二醛通常用于评估氧化还原和渗透调节的状态，抗旱性强的植物丙二醛含量增幅小（Gómez-del-Campo et al.，2002），较低的丙二醛含量表现出更高的抗氧化能力，这反映了更高的抗旱性（Apel and Hirt，2004）。我们发现，胡杨、灰杨异形叶丙二醛含量随径阶、异形叶所在树高增加呈增加的趋势，且灰杨的丙二醛含量与异形叶所在树高、胸径呈显著/极显著正相关，说明随着树高和胸径的增加，灰杨异形叶所受的胁迫明显增加。

脯氨酸是一种植物对胁迫有较敏感反应的渗透调节物质，脯氨酸含量与植物的抗旱能力成正比（Verbruggen and Hermans，2008；Singh et al.，1972）。我们的研究结果表明，胡杨、灰杨异形叶脯氨酸含量均随径阶和异形叶所在树高增加呈增加趋势，与胸径和树高呈显著/极显著正相关，同时异形叶脯氨酸含量与叶面积也呈显著/极显著正相关。说明胡杨、灰杨通过异形叶脯氨酸含量增加调节的抗旱能力随个体发育阶段和树高增加而增强，增强了位于树冠顶部大叶的保水及抗逆能力。分析认为，胡杨、灰杨通过异形叶脯氨酸含量随胸径、异形叶所在树高及异形叶叶面积变化而协同变化，来调节不同发育阶段、不同冠状部位异形叶的抗旱能力，是胡杨和灰杨应对环境干旱胁迫和树木高度带来的水分胁迫的适应策略之一。

## 主要参考文献

白雪, 张淑静, 郑彩霞, 等. 2011. 胡杨多态叶光合和水分生理的比较. 北京林业大学学报, 33(6): 47-52.
陈豫梅, 陈厚彬, 陈国菊, 等. 2001. 香蕉叶片形态结构与抗旱性关系的研究. 热带农业科学, (4): 14-16.
冯梅, 黄文娟, 李志军. 2014. 胡杨叶形变化与叶片养分间的关系. 生态学杂志, 33(6): 1467-1473.
何维明, 张新时. 2001. 沙地柏叶型变化的生态意义. 云南植物研究, 23(4): 433-438.
黄培祐. 1988. 荒漠区耐旱树种在异质生境中完成生活周期现象初探. 新疆大学学报, 5(4): 87-93.
黄文娟, 李志军, 杨赵平, 等. 2010. 胡杨异形叶结构型性状及其与胸径关系. 生态学杂志, 29(12): 2347-2352.
李加好, 刘帅飞, 李志军. 2015. 胡杨枝、叶和花芽形态数量变化与个体发育阶段的关系. 生态学杂志, 34(4): 941-946.
李志军, 吕春霞, 段黄金. 1996. 胡杨和灰叶胡杨营养器官的解剖学研究. 塔里木农垦大学学报, (2): 21-25, 33.
马剑英, 孙惠玲, 夏敦胜. 2007. 塔里木盆地胡杨两种形态叶片碳同位素特征研究. 兰州大学学报, 43(4): 51-55.
邱箭, 郑彩霞, 于文鹏. 2005. 胡杨多态叶光合速率与荧光特性的比较研究. 吉林林业科技, (3): 19-21.
苏培玺, 严巧娣. 2008. 内陆黑河流域植物稳定碳同位素变化及其指示意义. 生态学报, 28(4): 1616-1624.
王海珍, 韩路, 徐雅丽, 等. 2014. 胡杨异形叶光合作用对光强与$CO_2$浓度的响应. 植物生态学报, 38(10): 1099-1109.

燕玲, 李红, 贺晓, 等. 2000. 阿拉善地区 9 种珍稀濒危植物营养器官生态解剖观察. 内蒙古农业大学学报 (自然科学版), 21(3): 65-71.

杨树德, 陈国仓, 张承烈, 等. 2004. 胡杨披针形叶与宽卵形叶的渗透调节能力的差异. 西北植物学报, 24(9): 1583-1588.

杨树德, 郑文菊, 陈国仓, 等. 2005. 胡杨披针形叶与宽卵形叶的超微结构与光合特性的差异. 西北植物学报, 25(1): 14-21.

余伟莅, 杨灵丽, 胡小龙. 2009. 额济纳绿洲不同树龄胡杨狭叶和阔叶耐旱特征. 内蒙古林业科技, 35(4): 6-11, 34.

张金玲, 李玉灵, 庞梦丽, 等. 2017. 臭柏异形叶解剖结构及其抗旱性的比较. 西北植物学报, 37(9): 1756-1763.

赵鹏宇, 冯梅, 焦培培, 等. 2016. 胡杨不同发育阶段叶片形态解剖学特征及其与胸径的关系. 干旱区研究, 33(5): 1071-1080.

郑彩霞, 邱箭, 姜春宁, 等. 2006. 胡杨多形叶气孔特征及光合特性的比较. 林业科学, 42(8): 19-24, 147.

Apel K, Hirt H. 2004. Reactive oxygen species: metabolism, oxidative stress, and signal transduction. Annual Review of Plant Biology, 55: 373-399.

England J R, Attiwill M P. 2006. Changes in leaf morphology and anatomy with tree age and height in the broadleaved evergreen species, *Eucalyptus regnans* F. Muell. Trees, 20: 79-90.

Fang J Y, Fei S L, Fan Y J, et al. 2000. Ecological patterns in anatomic characters of leaves and woods of Fagus lucida and their climatic control in mountain Fanjingshan, Guizhou, China. Acta Botanica Sinica. 42(6): 636-642.

Gómez-del-Campo M, Ruiz C, Lissarrague J R. 2002. Effect of water stress on leaf area development, photosynthesis, and productivity in Chardonnay and Airén grapevines. American Journal of Enology and Viticulture, 53(2): 138-143.

Gratani L, Pesoli P, Crescente M F, et al. 2000. Photosynthesis as a temperature indicator in *Quercus ilex* L. Global and Planetary Change, 24: 153-163.

He C X, Li J Y, Zhou P, et al. 2008. Changes of Leaf Morphological, Anatomical Structure and Carbon Isotope Ratio with the Height of the Wangtian Tree (*Parashorea chinensis*) in Xishuangbanna. Journal of Integrative Plant Biology, 50(2): 168-173.

Kellomäki S, Wang K Y. 2001. Growth and resource use of birch seedlings under elevated carbon dioxide and temperature. Annals of Botany, 87(5): 669-682.

Koch G W, Sillett S C, Jennings G M, et al. 2004. The limits to tree height. Nature, 428(6985): 851-854.

Kuwabara A, Nagata T. 2002. Views on developmental plasticity of plants through heterophylly. Recent Research Development in Plant Physiology, 3: 45-59.

Larcher W. 2003. Physiological Plant Ecology, fourth edition. New York: Springer-Verlag.

Leigh A, Zwieniecki M A, Rockwell F E, et al. 2011. Structural and hydraulic correlates of heterophylly in *Ginkgo biloba*. New Phytologist, 189(2): 459-470.

Ma T T, Christie P, Luo Y M, et al. 2014. Physiological and antioxidant responses of germinating mung bean seedlings to phthalate esters in soil. Pedosphere, 24(1): 109-117.

Mommer L, Visser E J W. 2005. Underwater photosynthesis in flooded terrestrial plants: a matter of leaf plasticity. Annals of Botany, 96(4): 581-589.

Monclus R, Dreyer E, Villar M, et al. 2006. Impact of drought on productivity and water use efficiency in 29 genotypes of *Populus deltoides* × *Populus nigra*. New Phytologist, 169: 765-777.

Ryan M G, Yoder B J. 1997. Hydraulic limits to tree height and tree growth. Bioscience, 47: 235-242.

Singh T N, Aspinall D, Paleg L G. 1972. Proline accumulation and varietal adaptability to drought in barley: a potential metabolic measure of drought resistance. Nature New Biology, 236(67): 188-190.

Sternberg L S L, Mulkey S S, Wright S J. 1989. Ecological interpretation of leaf carbon isotope ratios, influence of respired carbon dioxide. Ecology, 70(5): 1317-1324.

Tanaka-Oda A, Kenzo T, Kashimura S, et al. 2010. Physiological and morphological differences in the heterophylly of Sabina vulgaris Ant. in the semi-arid environment of Mu Us Desert, Inner Mongolia, China. Journal of Arid Environments, 74(1): 43-48.

Verbruggen N, Hermans C. 2008. Proline accumulation in plants: a review. Amino Acids, 35(4): 753-759.

Vu J C V, Newman Y C, Allen L H, et al. 2002. Photosynthetic acclimation of young sweet orange trees to elevated growth $CO_2$ and temperature. Journal of Plant Physiology, 159(2): 147-157.

Wang H L, Yang S D, Zhang C L. 1997. The photosynthetic characteristics of differently shaped leaves in *Populus euphratica* Olivier. Photosynthetica, 34(4): 545-553.

Wells C L, Pigliucci M. 2000. Heterophylly in aquatic plants: the case of heterophylly in aquatic plants. Perspectives in Plant Ecology. Evolution and Systematics, 3(1): 1-18.

Winn A A. 1999. The functional significance and fitness consequences of heterophylly. International Journal of Plant Sciences, 160(S6): S113-S121.

Xu X, Yang F, Xiao X, et al. 2008. Sex-specific responses of *Populus cathayana* to drought and elevated temperatures. Plant Cell & Environment, 31(6): 850-860.

Yan C H, Han X G, Chen L Z, et al. 1998. Foliar $\delta^{13}C$ with in temperate deciduous forest: its spatial change and interspecies variation. Acta Botanica Sinica, 40(9): 853-859.

Yin C Y, Peng Y H, Zang R G, et al. 2005. Adaptive responses of *Populus kangdingensis* to drought stress. Physiologia Plantarum, 123: 445-451.

Zhang X L, Zang R G, Li C Y. 2004. Population differences in physiological and morphological adaptations of *Populus davidiana* seedlings in response to progressive drought stress. Plant Science, 166(3): 791-797.

# 第5章　异形叶及当年生茎形态特征与个体发育阶段的关系

植物第一次开花说明植物成花转变完成，植物从童期成功进入成年期，从童期阶段到成年期阶段所经历的质的转变过程被称为阶段转变（黄学林，2012；Hackett，1975）。除开花能力外，许多性状（如叶形、叶序、叶柄、光合特性、碳水化合物、蛋白质、激素等）也都在不同植物中随着阶段转变而变化，成为成年转变的标志（Zhang et al.，2004；Bitonti et al.，2002；Moncaleán et al.，2002；张才喜等，2001；Berardini et al.，2001；金勇丰等，1998；张立彬等，1997；Besford et al.，1996；Hand et al.，1996；张谷雄等，1990）。第2章的研究结果显示，胡杨、灰杨花的出现及空间分布分别与阔卵形叶出现及空间分布有关，表明胡杨、灰杨的异形叶性与其开花事件的发生有密切关系，阔卵形叶的出现是胡杨、灰杨个体发育成熟（阶段转变）的一个标志。在胡杨、灰杨的阶段转变过程中，除阔卵形叶的出现作为阶段转变的一个形态标志外，是否还有其他的性状发生变化？胡杨的异形叶和花芽及其着生枝的形态数量变化与个体发育阶段相关（李加好等，2015）。但关于灰杨异形叶及其着生枝的形态数量变化与个体发育阶段的关系尚未见报道，胡杨、灰杨的异形叶性在阶段转变过程中的作用也尚不明晰。本研究以同一立地条件下不同发育阶段的胡杨、灰杨为研究对象，研究了异形叶及其着生枝的形态数量随径阶、树高的变化规律，旨在阐明胡杨和灰杨异形叶及其着生枝形态数量变化与个体发育阶段的关系，揭示胡杨、灰杨的异形叶性在生长转变过程中的生物学意义及其生长适应策略。

## 5.1　研究方法

### 5.1.1　研究区概况

研究区概况同第2章"2.1.1　研究区概况"。

### 5.1.2　试验设计

径阶划分方法同第2章"2.1.2　试验设计"。

在胡杨2~18径阶中选取开花和不开花的植株为采样株，共采集样本105个。在灰杨2~20径阶中选取开花和不开花的植株为采样株，共采集样本119个。

### 5.1.3　采样方法

冠高测算、树冠层次划分方法同第2章"2.1.4　异形叶和花空间分布调查"。在采样株树冠第1~第5层的中央位置，按东、南、西、北4个方位随机采取当年生枝条，每个树冠层次采集4个，每一采样株采集20个。

## 5.1.4 茎叶和花芽形态指标测定方法

统计胡杨、灰杨当年生茎的叶片数和花芽数，并选取当年生茎基部开始第 4 节位的叶为样叶。以 MRS-9600TFU2 扫描仪对当年生茎、叶和花芽进行扫描，用万深 LA-S 植物图像分析软件测量当年生茎形态指标参数（当年生茎长度和粗度）、花芽形态指标参数（花芽长度和宽度）及异形叶形态指标参数（叶片长度、叶片宽度、叶面积、叶柄长度及叶片周长），计算叶形指数。

## 5.1.5 数据统计分析方法

树冠各层次茎、异形叶、花芽形态指标参数值：分别为树冠各层次 4 个当年生茎（东、南、西、北 4 个方位）及当年生茎第 4 节位叶、花芽形态指标参数值的平均值。

样株茎、异形叶、花芽形态指标参数值：为样株树冠 5 个层次茎、第 4 节位叶、花芽形态指标参数值的平均值。

同一径阶茎、异形叶、花芽形态指标参数值：为同一径阶所有样株茎、第 4 节位叶、花芽形态指标参数值的平均值。

同一径阶树冠各层次茎、异形叶、花芽形态指标参数值：为同一径阶所有样株树冠同一层次茎、第 4 节位叶、花芽形态指标参数值的平均值。

采用 SPSS 17.0 软件对数据进行单因素方差分析，用 Pearson 相关系数检验各指标的相关性。

# 5.2 当年生茎形态随径阶和树冠层次的变化规律

## 5.2.1 胡杨当年生茎形态随径阶和树冠层次的变化规律

如图 5-1 所示，胡杨当年生茎长度随径阶增加呈减小的趋势。除了 6 径阶，其余径阶的当年生茎长度均与 2 径阶差异显著（$P<0.05$），但当年生茎长度在各径阶树冠的不同层次间无显著差异。胡杨当年生茎粗度随径阶增加呈增大的趋势，10 径阶是当年生茎粗度开始显著增大的节点；在 2~6 径阶和 18 径阶，当年生茎粗度随树冠层次增加呈增大的趋势，树冠第 1 层与第 5 层差异显著（$P<0.05$）。结果表明，胡杨当年生茎长度和粗度随径阶增

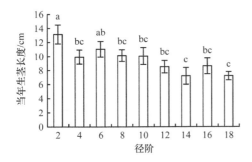
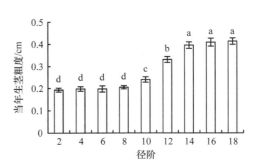

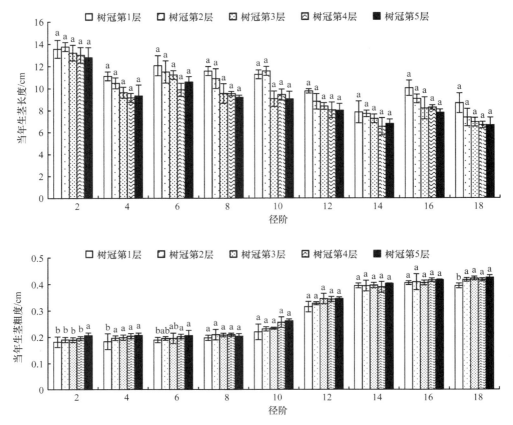

图 5-1 胡杨当年生茎形态随径阶和树冠层次的变化规律

单个柱子为一组的小图，柱子上方不含有相同小写字母代表不同径阶间差异显著（$P<0.05$）；多个柱子为一组的小图，每组柱子上方不含有相同小写字母代表同一径阶树冠不同层次间差异显著（$P<0.05$），本章下同

加呈相反的变化趋势，即随径阶的增加当年生茎长度减小的同时粗度增大，当年生茎的形态在不同径阶及树冠不同层次存在差异。

### 5.2.2 灰杨当年生茎形态随径阶和树冠层次的变化规律

如图 5-2 所示，灰杨当年生茎长度随径阶增加呈减小的趋势，在 2 径阶、8 径阶、10 径阶、18 径阶，当年生茎长度随树冠层次增加呈减小的趋势，树冠第 1 层与第 5 层差异显

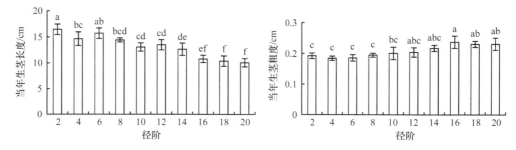

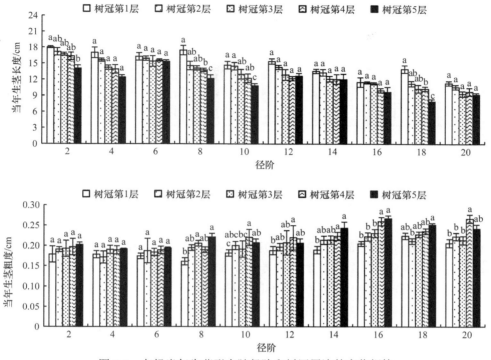

图 5-2　灰杨当年生茎形态随径阶和树冠层次的变化规律

著（$P<0.05$）。当年生茎粗度随径阶增加呈增大的趋势，在 8 径阶、10 径阶、14 径阶、16 径阶当年生茎粗度随树冠层次增加呈增大的趋势，树冠第 1 层与第 5 层差异显著（$P<0.05$）。说明随径阶的增加灰杨当年生茎长度减小但粗度增大，当年生茎的形态在不同径阶及不同树冠不同层次间存在差异。

## 5.3　每枝叶片数随径阶和树冠层次的变化规律

### 5.3.1　胡杨每枝叶片数随径阶和树冠层次的变化规律

图 5-3 显示，胡杨每枝叶片数随径阶增加呈减少的趋势。从 4 径阶开始，各径阶的每枝叶片数均比 2 径阶显著减少，说明胡杨每枝叶片数显著减少始于 4 径阶。在树冠的垂直空间，除 14 径阶外，其余径阶均是树冠第 5 层的每枝叶片数少于第 1 层，且差异显著（$P<0.05$）。

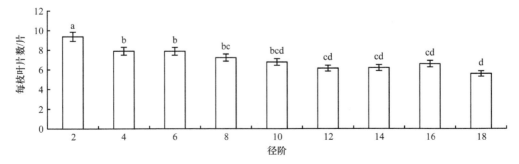

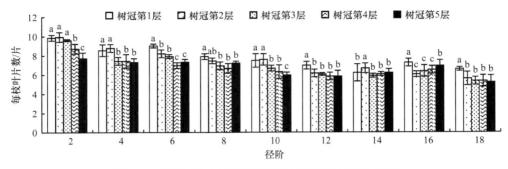

图 5-3 胡杨每枝叶片数随径阶和树冠层次的变化规律

### 5.3.2 灰杨每枝叶片数随径阶和树冠层次的变化规律

图5-4显示，除了10径阶、14径阶、20径阶，灰杨每枝叶片数随径阶、树冠层次增加呈减少趋势。2径阶每枝叶片数与其余径阶每枝叶片数差异显著（$P<0.05$）。结果表明，灰杨每枝叶片数的变化存在于不同径阶或树冠的不同层次。

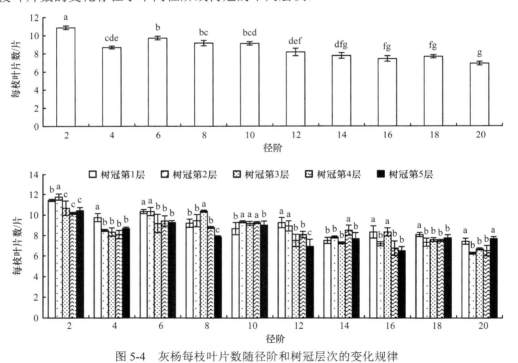

图 5-4 灰杨每枝叶片数随径阶和树冠层次的变化规律

## 5.4 每枝花芽数随径阶和树冠层次的变化规律

### 5.4.1 胡杨每枝花芽数随径阶和树冠层次的变化规律

图5-5显示，胡杨花芽从6径阶开始出现。每枝花芽数从6径阶开始随径阶、树冠层次

增加呈增加趋势。与6径阶相比，10径阶、14径阶是每枝花芽数显著增加的节点；在树冠的垂直空间，花芽从树冠第5层开始出现。结果表明，胡杨花芽从6径阶开始出现，且随径阶增加呈"阶段式"增加；胡杨花芽从6径阶树冠顶部开始出现且始终不出现在树冠第1层，每枝花芽数从第2层到第5层逐渐增加，体现了胡杨成花能力随径阶的增大和树冠层次的增加而逐渐增强的规律和特点。

胡杨花芽长度、宽度随径阶增加和树冠层次增加而逐渐增加。方差分析显示，胡杨花芽长度、宽度随着径阶增加表现为"阶梯式"增加，即在6～8径阶、10～14径阶和16～18径阶三个阶段花芽的长度和宽度变化较小，但这三个阶段之间均有显著差异；在树冠垂直空间，花芽长度、宽度均是从6径阶开始部分径阶在树冠层次间存在显著差异（$P<0.05$）。

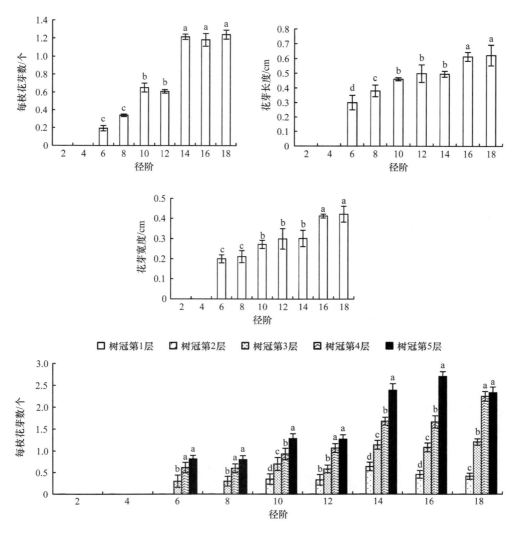

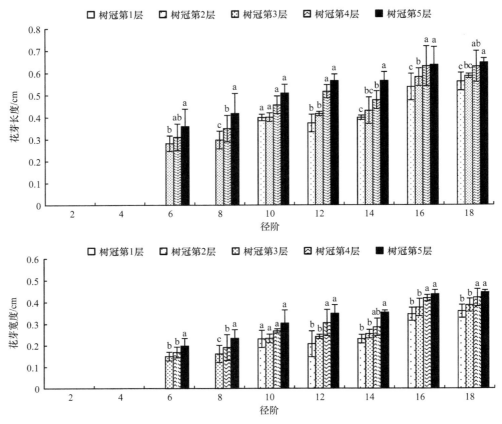

图 5-5 胡杨每枝花芽数及花芽长宽随径阶和树冠层次的变化规律

## 5.4.2 灰杨每枝花芽数随径阶和树冠层次的变化规律

图 5-6 显示,灰杨花芽从 6 径阶开始出现。每枝花芽数从 6 径阶开始随径阶、树冠层次增加呈增加趋势。从 10 径阶开始,树冠第 5 层与第 3 层每枝花芽数存在显著差异($P<0.05$)。

与胡杨相似,灰杨花芽从 6 径阶开始出现,且随径阶增加而增加;灰杨花芽从 6 径阶树冠顶部开始出现且始终不出现在树冠第 1 层和第 2 层,每枝花芽数从第 3 层到第 5 层逐渐增加,体现了灰杨成花能力随径阶的增加和树冠层次的增加而逐渐增强的规律和特点。

灰杨花芽长度和宽度均随着径阶、树冠层次增加呈增加趋势(图 5-6)。方差分析显示,

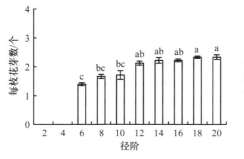 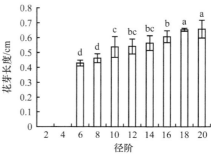

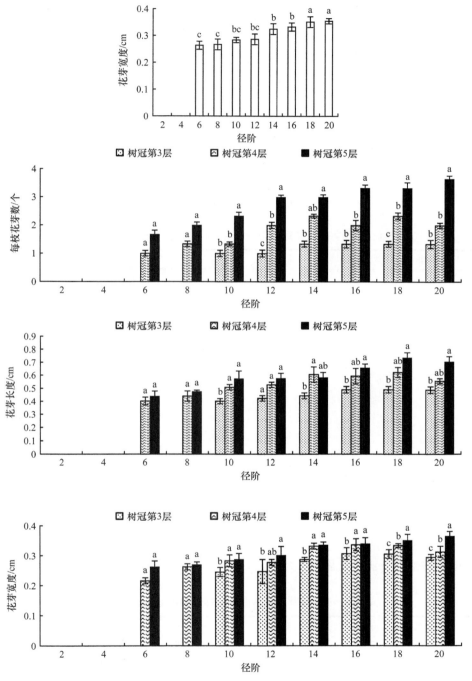

图 5-6　灰杨每枝花芽数及花芽长宽随径阶和树冠层次的变化规律

与6径阶相比，花芽长度在10径阶、12径阶、14径阶、16径阶、18径阶、20径阶，花芽宽度在14径阶、16径阶、18径阶、20径阶显著增加。在树冠垂直空间，花芽长度从16径阶、花芽宽度从8径阶开始在树冠第5层与第3层存在显著差异（$P<0.05$）。

## 5.5 茎叶及花芽形态变化与胸径和冠高的关系

### 5.5.1 胡杨茎叶及花芽形态变化与胸径和冠高的关系

相关性分析显示，胡杨当年生茎长度、每枝叶片数、叶形指数分别与胸径和冠高呈极显著负相关（$P<0.05$），即随胸径和冠高的增加，当年生茎长度、每枝叶片数、叶形指数均减小；花芽长度、花芽宽度、叶面积、叶片周长、叶柄长度、当年生茎粗度、每枝花芽数分别与胸径和冠高呈极显著正相关（$P<0.01$），即随着胸径和冠高的增加，叶面积、叶片周长、叶柄长度、当年生茎粗度、每枝花芽数、花芽长度和花芽宽度均增加（表5-1）。结果初步说明，胡杨当年生茎、叶和花芽形态变化与其个体发育阶段密切相关。

表5-1　胡杨茎叶及花芽形态指标与胸径和冠高的Pearson相关系数

| 指标 | 胸径 | 冠高 |
| --- | --- | --- |
| 叶形指数[a] | −0.57** | −0.73** |
| 叶面积[a] | 0.60** | 0.69** |
| 叶片周长[a] | 0.55** | 0.56** |
| 叶柄长度[a] | 0.60** | 0.71** |
| 当年生茎长度[a] | −0.42** | −0.48** |
| 当年生茎粗度[a] | 0.88** | 0.76** |
| 每枝叶片数[a] | −0.55** | −0.61** |
| 每枝花芽数[a] | 0.61** | 0.71** |
| 花芽长度[b] | 0.88** | 0.79** |
| 花芽宽度[b] | 0.90** | 0.80** |

注：a 样本数为105；b 样本数为57。**表示差异极显著（$P<0.01$），本章下同

胡杨当年生茎、叶和花芽形态指标间的相关性分析表明，除花芽长度、花芽宽度与当年生茎长度相关性不显著外，其他指标两两间均呈极显著的相关关系（$P<0.01$）（表5-2）。说明胡杨当年生茎、叶和花芽形态随胸径和冠高变化而变化的同时，当年生茎、叶和花芽各形态指标间也存在协同变化的关系。

表5-2　胡杨茎叶及花芽形态指标间的Pearson相关系数

| 指标 | 花芽长度[b] | 花芽宽度[b] | 叶形指数[a] | 叶面积[a] | 叶片周长[a] | 叶柄长度[a] | 当年生茎长度[a] | 当年生茎粗度[a] | 每枝叶片数[a] | 每枝花芽数[a] |
| --- | --- | --- | --- | --- | --- | --- | --- | --- | --- | --- |
| 花芽长度 | 1 | | | | | | | | | |
| 花芽宽度 | 0.99** | 1 | | | | | | | | |
| 叶形指数[a] | −0.57** | −0.56** | 1 | | | | | | | |
| 叶面积[a] | 0.50** | 0.49** | −0.78** | 1 | | | | | | |
| 叶片周长[a] | 0.53** | 0.52** | −0.44** | 0.74** | 1 | | | | | |
| 叶柄长度[a] | 0.51** | 0.49** | −0.88** | 0.75** | 0.63** | 1 | | | | |

续表

| 指标 | 花芽长度[b] | 花芽宽度[b] | 叶形指数[a] | 叶面积[a] | 叶片周长[a] | 叶柄长度[a] | 当年生茎长度[a] | 当年生茎粗度[a] | 每枝叶片数[a] | 每枝花芽数[a] |
|---|---|---|---|---|---|---|---|---|---|---|
| 当年生茎长度[a] | −0.12 | −0.14 | 0.44** | −0.39** | −0.29** | −0.42** | 1 | | | |
| 当年生茎粗度[a] | 0.82** | 0.83** | −0.63** | 0.61** | 0.54** | 0.65** | −0.52** | 1 | | |
| 每枝叶片数[a] | −0.33** | −0.32** | 0.60** | −0.55** | −0.44** | −0.61** | 0.66** | −0.54** | 1 | |
| 每枝花芽数[a] | 0.49** | 0.48** | −0.74** | 0.66** | 0.52** | 0.74** | −0.46** | 0.70** | −0.52** | 1 |

注：a 样本数为105；b 样本数为57

## 5.5.2 灰杨茎叶及花芽形态变化与胸径和冠高的关系

表 5-3 显示，灰杨当年生茎长度和叶形指数分别与胸径和冠高呈极显著负相关（$P<0.01$），每枝花芽数、花芽长度、花芽宽度、叶片周长、叶柄长度分别与胸径和冠高呈极显著正相关（$P<0.01$）。结果表明，灰杨当年生茎、叶及花芽形态变化与其个体发育阶段密切相关。

表5-3　灰杨茎叶及花芽形态指标与胸径和冠高间的Pearson相关系数

| 指标 | 胸径 | 冠高 |
|---|---|---|
| 叶形指数[a] | −0.25** | −0.32** |
| 叶面积[a] | 0.33** | 0.21* |
| 叶片周长[a] | 0.40** | 0.27** |
| 叶柄长度[a] | 0.42** | 0.21** |
| 当年生茎长度[a] | −0.46** | −0.31** |
| 当年生茎粗度[a] | 0.01 | 0.05 |
| 每枝叶片数[a] | −0.55** | −0.21* |
| 每枝花芽数[a] | 0.79** | 0.35** |
| 花芽长度[b] | 0.78** | 0.40** |
| 花芽宽度[b] | 0.67** | 0.41** |

注：a 样本数为119；b 样本数为88。*表示差异显著（$P<0.05$），下表同

灰杨当年生茎、叶和花芽形态指标间的相关性分析（表 5-4）表明，叶片长度、叶形指数与当年生茎长度呈极显著正相关，叶片宽度与当年生茎长度呈极显著负相关，每枝叶片数与叶片长度呈极显著正相关，与叶片宽度呈极显著负相关，而每枝花芽数、花芽长度、花芽宽度均与叶片长度呈极显著负相关，与叶片宽度呈极显著正相关。由此说明，灰杨当年生茎、叶和花芽形态随胸径和冠高变化而变化的同时，当年生茎、叶和花芽形态指标间也存在协同变化的关系。

表5-4　灰杨茎叶和花芽形态指标间的Pearson相关系数

| 指标 | 叶片长度 | 叶片宽度 | 叶形指数[a] | 叶面积[a] | 叶片周长[a] | 叶柄长度[a] | 当年生茎长度[a] | 当年生茎粗度[a] | 每枝叶片数[a] | 每枝花芽数[a] | 花芽长度[b] | 花芽宽度[b] |
|---|---|---|---|---|---|---|---|---|---|---|---|---|
| 叶片长度 | 1 | | | | | | | | | | | |
| 叶片宽度 | −0.34** | 1 | | | | | | | | | | |
| 叶形指数 | 0.01 | −0.23** | 1 | | | | | | | | | |
| 叶面积 | −0.32** | 0.74** | −0.22** | 1 | | | | | | | | |
| 叶片周长 | −0.25** | 0.79** | −0.03 | 0.96** | 1 | | | | | | | |
| 叶柄长度 | −0.04 | 0.66** | −0.31** | 0.71** | 0.75** | 1 | | | | | | |
| 当年生茎长度 | 0.44** | −0.31** | 0.29** | −0.04 | −0.03 | −0.04 | 1 | | | | | |
| 当年生茎粗度 | −0.06 | 0.06 | −0.02 | 0.08 | 0.09 | 0.08 | −0.08 | 1 | | | | |
| 每枝叶片数 | 0.46** | −0.43** | 0.05 | −0.11 | −0.16 | −0.32** | 0.1 | −0.01 | 1 | | | |
| 每枝花芽数 | −0.52** | 0.72** | −0.07 | 0.34** | 0.41** | 0.44** | −0.40** | 0.04 | −0.44** | 1 | | |
| 花芽长度 | −0.56** | 0.57** | −0.06 | 0.18 | 0.22* | 0.27** | −0.35** | 0.05 | −0.49** | 0.67** | 1 | |
| 花芽宽度 | −0.52** | 0.44** | −0.09 | 0.08 | 0.15 | 0.22* | −0.37** | 0.02 | −0.31** | 0.54** | 0.68** | 1 |

注：a 样本数为119；b 样本数为88

## 5.6　小结与讨论

### 5.6.1　当年生茎、叶和花芽形态变化与个体发育阶段的关系

我们研究发现，胡杨当年生茎粗度、每枝花芽数、花芽长度、花芽宽度、叶面积、叶片周长、叶柄长度随胸径和冠高增加而增加，当年生茎长度、每枝叶片数和叶形指数则随胸径和冠高增加而减小。灰杨除当年生茎粗度以外的指标参数均与胸径和冠高存在显著/极显著的相关关系。与此同时，这些指标参数间也存在相关关系。由此说明，当年生茎、叶和花芽形态变化与个体发育阶段密切相关，与个体发育阶段存在协同变化的关系。特别是胡杨和灰杨每枝花芽数与叶面积、叶片周长、叶柄长度呈极显著正相关，与当年生茎长度、每枝叶片数呈极显著负相关，初步说明叶片形态、当年生茎长度、每枝

叶片数的变化与阶段转变有关。

胡杨和灰杨当年生茎、叶和花形态指标随个体发育阶段协同变化的规律是当年生茎越来越短的同时变得越来越粗，同时每枝叶片数也越来越少，异形叶叶面积越来越大，花芽数也越来越多。很显然，当年生茎变粗、变短有利于提高枝对水分和养分的运输，而叶柄长度的增加有利于具有等面叶特征的胡杨和灰杨接受更多的光照，以满足植株营养生长向生殖生长转变时对光合产物的需求。胡杨和灰杨可能通过当年生茎和异形叶形态指标的协同变化为其由营养生长向生殖生长转变过程提供最大的光合面积和最短的水分和养分运输路径，当年生茎与异形叶形态指标的协同变化在胡杨和灰杨个体发育过程中起着重要的作用。

### 5.6.2 异形叶及当年生茎形态变化与植株阶段转变的关系

不同植物在开花前经历的童期长短不同，木本植物的童期一般很长，从几年到几十年不等（崔艳波等，2011；Koopowitz et al.，2008；孙永华和陈学森，2005；Austerlitz et al.，2000）。植物在从童期进入成年期的转变过程中往往会出现一些重要的形态特征的变化。人们常用一些形态指标来判断木本植物的阶段转变，如童程、干周、叶形和分枝级数等（Zhao et al.，2008；Heuret et al.，2006；李载龙等，1981；Borchert，1976；Hackett，1975）。例如，在模式植物拟南芥中，成年期转变最明显的特征是到一定树龄之后叶片表皮毛的减少，而早花的突变往往会伴随着表皮毛的减少（Berardini et al.，2001），表皮毛数量往往被作为拟南芥成年期转变的标准。对桃树童期与叶形关系的研究显示，叶柄粗度和叶形指数的变化可以作为桃实生树通过童期的依据（张立彬等，1997）。

我们的研究结果表明，从 6 径阶开始花芽的出现是胡杨和灰杨由营养生长进入生殖生长的时间节点，而阔卵形叶的出现可以作为胡杨和灰杨由营养生长进入生殖生长的形态标志。有研究报道，红肉蜜柚成花因子有结果枝长度、结果枝粗度和结果枝叶片数，红肉蜜柚结果枝长度与成花有密切关系，结果枝粗度是关键的生物学指标（蔡盛华等，2010）。我们的研究还发现，每枝花芽数与胸径和叶面积呈极显著正相关，与每枝叶片数、当年生茎长度呈极显著负相关，初步说明胡杨和灰杨当年生茎长度、叶面积和每枝叶片数与生长转变有密切关系。研究结果还显示，胡杨和灰杨当年生茎每枝叶片数和当年生枝长度均随个体发育逐渐减小，并从 6 径阶开始显著减少，它们显著减少的时间节点与花芽开始出现的时间节点相吻合，且每枝花芽数与每枝叶片数、当年生茎长度呈极显著负相关关系（$P<0.01$）。综合分析认为，胡杨和灰杨异形叶长宽比、叶面积、每枝叶片数、当年生茎长度和当年生茎粗度均与成花有密切关系，其中每枝叶片数、当年生茎长度可以作为胡杨和灰杨生长转变的形态指标。

### 主要参考文献

蔡盛华，陆修闽，卢新坤，等. 2010. 红肉蜜柚结果枝径粗、长度、叶片数与成花的关系. 中国农学通报，26(1): 78-81.

崔艳波，张绍铃，吴华清，等. 2011. 梨杂交后代童期和童程的研究. 中国农学通报，27(2): 128-131.

黄学林. 2012. 植物发育生物学. 北京: 科学出版社.
金勇丰, 李载龙, 陈大明. 1998. 湖北海棠实生树阶段转变过程中多胺RNA/DNA和蛋白质含量的变化. 浙江农业学报, 10(5): 41-44.
李加好, 刘帅飞, 李志军. 2015. 胡杨枝、叶和花芽形态数量变化与个体发育阶段的关系. 生态学杂志, 34(4): 941-946.
李载龙, 沈德绪, 郑淑群. 1981. 梨实生苗的童程、结果和遗传. 浙江农业大学学报, 7(3): 55-62.
孙永华, 陈学森. 2005. 杏杂种实生树叶片童性的研究. 果树学报, 22(4): 327-330, 439.
张才喜, 李载龙, 陈大明. 2001. 湖北海棠阶段转变的生理基础. 植物资源与环境学报, 10(1): 57-59.
张谷雄, 陈建平, 邓光宙, 等. 1990. 柑桔砧木实生苗的童期和童程研究. 中国柑桔, 19(2): 7-9.
张立彬, 刘桂森, 王秀梅, 等. 1997. 深州蜜桃实生树叶形态变化与童程的关系. 果树科学, 14(1): 28-31.
Austerlitz F, Mariette S, Machon N, et al. 2000. Effects of colonization processes on genetic diversity: differences between annual plants and tree species. Genetics, 154: 1309-1321.
Berardini T Z, Bollman K, Sun H, et al. 2001. Regulation of vegetative phase change in *Arabidopsis thaliana* by cyclophilin 40. Science, 291(5512): 2405-2407.
Besford R T, Hand P, Peppitt S D, et al. 1996. Phase change in *Prunus avium*: differences between juvenile and mature shoots identified by 2-dimensional protein separation and *in vitro* translation of mRNA. Journal of Plant Physiology, 147(5): 534-538.
Bitonti M B, Cozza R, Chiappetta A, et al. 2002. Distinct nuclear organization, DNA methylation pattern and cytokinin distribution mark juvenile, juvenile-like and adult vegetative apical meristems in peach (*Prunus persica* (L.) Batsch). Journal of Experimental Botany, 53(371): 1047-1054.
Borchert R. 1976. The concept of juvenility in woody plants. Acta Horticulturae, 56: 21-36.
Hackett W P. 1975. Control of phase change in woody plants. Symposium on Juvenility in Woody Perennials, 1: 143-154.
Hand P, Besford R T, Richardson C M, et al. 1996. Antibodies to phase related proteins in juvenile and mature *Prunus avium*. Plant Growth Regulation, 20: 25-29.
Heuret P, Meredieu C, Coudurier T, et al. 2006. Ontogenetic trends in the morphological features of main stem annual shoots of *Pinus pinaster* (Pinaceae). American Journal of Botany, 93(11): 1577-1587.
Koopowitz H, Comstock J, Woodin C. 2008. Tropical slipper orchids: *Paphiopedilum* and *phragmipedium* species and hybrids. Portland, Oregon: Timber Press.
Moncaleán P, Rodríguez A, Fernández B. 2002. Plant growth regulators as putative physiological markers of developmental stage in *Prunus persica*. Plant Growth Regulation, 36(1): 27-29.
Zhang F, Yang Y L, He W L, et al. 2004. Effects of salinity on growth and compatible solutes of callus induced from *Populus euphratica*. In Vitro Cellular & Developmental Biology-Plant, 40(5): 491-494.
Zhao C M, Chen L T, Ma F, et al. 2008. Altitudinal differences in the leaf fitness of juvenile and mature alpine spruce trees (*Picea crassifolia*). Tree Physiology, 28(1): 133-141.

# 第 6 章 异形叶及当年生茎生理生化特性与个体发育阶段的关系

研究表明，在植物阶段转变过程中除枝叶形态发生显著变化外，枝叶碳水化合物及蛋白质含量也存在明显变化。例如，桃叶片的光合能力、淀粉含量、蔗糖含量及山梨醇含量在童区与成熟区之间差别均较大，被认为可以作为桃实生树童性的标记（Bitonti et al.，2002）；湖北海棠的可溶性总糖、还原糖、可溶性蛋白质、RNA、总核酸的含量同湖北海棠阶段转变关系密切，可以作为湖北海棠阶段转变的生理指标（张才喜等，2001）；甜樱桃叶片中的 28kDa 蛋白质可作为童性标记，且童期高于成年期（Besford et al.，1996；Hand et al.，1996）。实生树树体只有达到一定高度或节数后才开始花芽分化（李载龙等，1981；Zimmerman，1972），随着树体高度的增加，许多生理生化指标（如碳水化合物、蛋白质、核酸等含量）都有规律的变化（张才喜等，2001；陈大明等，1994；王定祥，1986），这些研究表明，果树等木本植物在成年期转变时伴随着明显的生理变化，说明碳水化合物及蛋白质对控制果树成年阶段转变有特别重要的意义。

有研究报道，胡杨枝、叶可溶性糖、淀粉及可溶性蛋白含量与异形叶形态及个体发育阶段有关（李加好等，2015a），花芽形态数量变化与个体发育阶段也有关（李加好等，2015b）。但目前，关于胡杨异形叶可溶性糖、淀粉及可溶性蛋白含量与个体发育阶段成花能力的关系尚不明晰。本研究以同一立地条件下不同发育阶段的胡杨、灰杨为研究对象，研究异形叶及其着生枝可溶性糖、淀粉及可溶性蛋白含量随个体发育阶段的变化规律，以及与花芽形态数量的关系，以阐明胡杨、灰杨异形叶形态、当年生茎形态、可溶性糖含量、淀粉含量和可溶性蛋白含量变化在胡杨、灰杨个体发育阶段中的作用。

## 6.1 研究方法

### 6.1.1 研究区概况

研究区概况同第 2 章 "2.1.1 研究区概况"。

### 6.1.2 试验设计

径阶划分方法同第 2 章 "2.1.2 试验设计"。从胡杨 2～18 径阶各选取采样株 3 株作为重复，样本数共计 27 个；从灰杨 2～20 径阶各选取采样株 3 株作为重复，样本数共计 30 个。

## 6.1.3 采样方法

冠高测算、树冠层次划分方法同第 2 章 "2.1.4 异形叶和花空间分布调查"。当胡杨、灰杨叶片发育成熟（6 月），在样株树冠第 1~第 5 层的中央位置，按东、南、西、北 4 个方位各随机采集 1 个当年生茎，每一株样株采集 20 个。

## 6.1.4 茎叶形态指标测定

统计胡杨、灰杨当年生茎每枝叶片数和每枝花芽数，并选取当年生茎基部开始第 4 个节位叶片为样叶。用 MRS-9600TFU2 扫描仪对枝、叶进行扫描，用万深 LA-S 植物图像分析软件测量当年生茎形态指标参数（当年生茎长度和粗度）及异形叶形态指标参数（叶片长度、叶片宽度、叶面积、叶柄长度及叶片周长），计算叶形指数。

## 6.1.5 茎叶生理生化指标测定

以采样株树冠上同一层次 4 个当年生茎的混合样及 4 个当年生枝第 4 节位叶片的混合样为测试样品，分别测定胡杨和灰杨当年生茎及叶片生理生化指标（可溶性糖、淀粉和可溶性蛋白含量）。其中，可溶性糖含量测定采用蒽酮-硫酸法，淀粉含量测定采用蒽酮比色法，可溶性蛋白含量测定采用考马斯亮蓝 G-250 法。

## 6.1.6 数据统计分析方法

树冠各层次茎、叶形态指标参数值：分别为树冠各层次 4 个当年生枝（东、南、西、北 4 个方位）及从当年生枝基部开始第 4 节位叶形态指标参数的平均值。

采样株茎、叶形态指标参数值：为采样株树冠 5 个层次茎、叶形态指标参数值的平均值。

同一径阶茎、叶形态指标参数值：为同一径阶内所有采样株茎、叶形态指标参数值的平均值。

同一径阶树冠各层次茎、叶形态指标参数值：为同一径阶所有采样株树冠同一层次茎、叶形态指标参数值的平均值。

树冠各层次茎、叶生理生化指标参数值：为树冠各层次 4 个当年生茎（东、南、西、北 4 个方位）及其着生叶生理生化指标参数值的平均值。

采样株茎、叶生理生化指标参数值：为采样株树冠 5 个层次茎、叶生理生化指标参数值的平均值。

同一径阶茎、叶生理生化指标参数值：为同一径阶所有采样株茎、叶生理生化指标参数值的平均值。

同一径阶树冠各层次茎、叶生理生化指标参数值：为同一径阶所有采样株树冠同一层次茎、叶生理生化指标参数值的平均值。

用 SPSS 17.0 软件对数据进行单因素方差分析，用 Pearson 相关系数检验各指标的相关性。

## 6.2 异形叶生理生化特性随径阶和树冠层次的变化规律

### 6.2.1 胡杨异形叶可溶性糖、淀粉和可溶性蛋白含量变化规律

从图 6-1 和图 6-2 可以看出，胡杨异形叶可溶性糖含量在各径阶、树冠层次间均无显著差异。异形叶淀粉含量在各径阶间无显著差异，在所有径阶随树冠层次增加呈增加趋势，但 2 径阶和 4 径阶树冠第 1 层与第 5 层差异不显著，6～18 径阶树冠第 1 层与第 5 层存在显著差异（$P<0.05$）。异形叶可溶性蛋白含量在 2～6 径阶依次显著减少（$P<0.05$），在 6～18 径阶无显著变化，但在 6～18 径阶随树冠层次增加呈减少的趋势，除了 16 径阶，6～14 径阶、18 径阶树冠第 1 层或第 2 层与第 5 层存在显著差异（$P<0.05$）。从上述结果可以看出，胡杨异形叶淀粉含量及可溶性蛋白含量的变化主要出现在树冠的垂直空间。

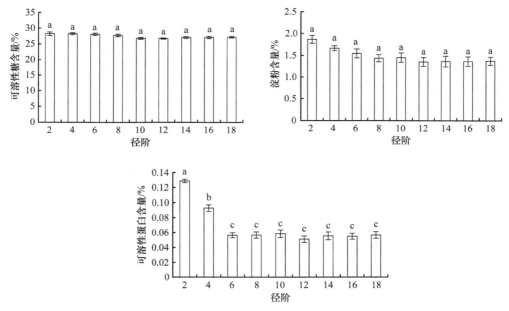

图 6-1 胡杨异形叶可溶性糖、淀粉及可溶性蛋白含量随径阶的变化规律

各小图柱子上方不含有相同小写字母代表不同径阶间差异显著（$P<0.05$），本章下同

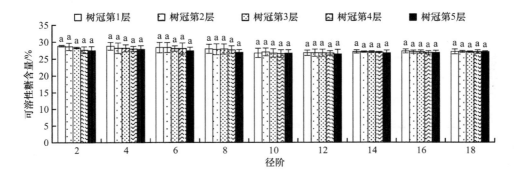

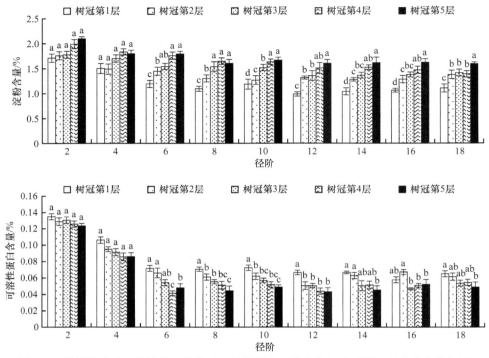

图 6-2 胡杨异形叶可溶性糖、淀粉及可溶性蛋白含量在各径阶随树冠层次的变化规律

各小图每组柱子上方不含有相同小写字母代表同一径阶不同树冠层次间差异显著（$P<0.05$），本章下同

## 6.2.2 灰杨异形叶可溶性糖、淀粉和可溶性蛋白含量变化规律

如图 6-3 和图 6-4 所示，灰杨异形叶可溶性糖含量随径阶增加及 8~20 径阶树冠层次增加呈增加的趋势，树冠第 5 层异形叶可溶性糖含量显著高于第 1 层（$P<0.05$）。异形叶淀粉含量随径阶增加呈减少的趋势，在 8~18 径阶随树冠层次增加呈增加的趋势，且树冠第 1 层与第 5 层差异显著（$P<0.05$）。异形叶可溶性蛋白含量随径阶增加及 8~20 径阶随树冠层次增加呈增加的趋势，且树冠第 5 层含量显著高于第 1 层（$P<0.05$）。结果表明，灰杨异形叶的可溶性糖、淀粉和可溶性蛋白含量随径阶变化而变化，在树冠垂直空间上的变化主要出现在 8~20 径阶。

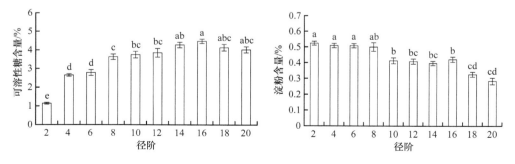

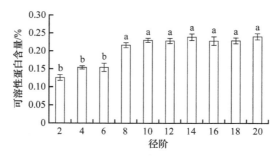

图 6-3  灰杨异形叶可溶性糖、淀粉及可溶性蛋白含量随径阶的变化规律

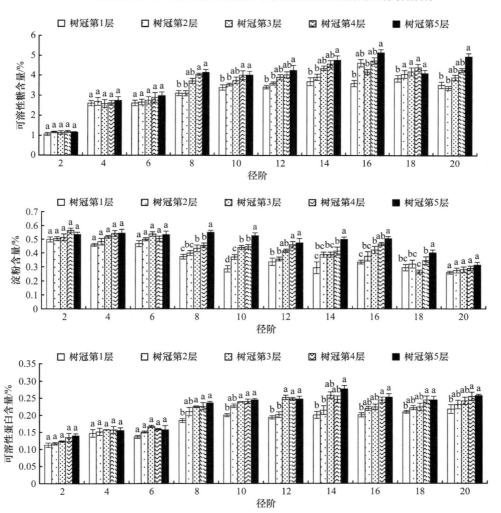

图 6-4  灰杨异形叶可溶性糖、淀粉及可溶性蛋白含量在各径阶随树冠层次的变化规律

## 6.3 当年生茎生理生化特性随径阶和树冠层次的变化规律

### 6.3.1 胡杨当年生茎可溶性糖、淀粉和可溶性蛋白含量变化规律

从图 6-5 和图 6-6 可以看出，胡杨当年生茎可溶性糖含量在各径阶间及同一径阶树冠不同层次间均无显著差异。当年生茎淀粉含量在各径阶间无显著差异，但在 6~18 径阶随树冠层次增加呈增加的趋势，树冠第 1 层与第 5 层有显著差异（$P<0.05$）。当年生茎可溶性蛋白含量在 2~6 径阶依次显著减少（$P<0.05$），4 径阶是当年生茎可溶性蛋白含量开始显著减少的节点；当年生茎可溶性蛋白含量在 6~18 径阶无显著差异，但在 6~18 径阶随树冠层次增加呈减少的趋势，树冠第 1 层与第 5 层差异显著（$P<0.05$）。比较图 6-1 与图 6-5、图 6-2 与图 6-6 可以看出，胡杨异形叶和当年生茎可溶性糖、淀粉及可溶性蛋白含量随径阶和树冠层次的变化规律完全一致。

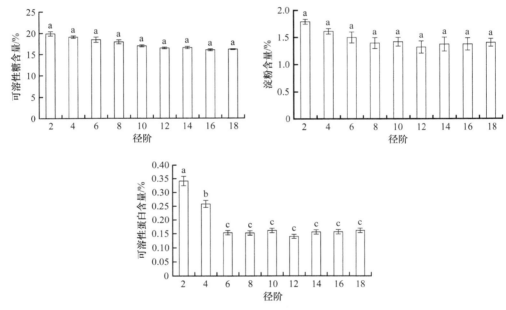

图 6-5 胡杨当年生茎可溶性糖、淀粉及可溶性蛋白含量随径阶的变化规律

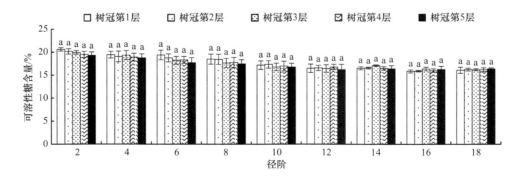

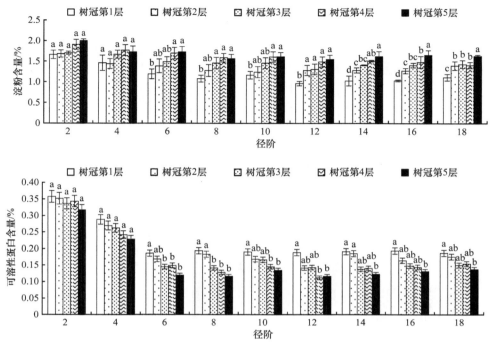

图 6-6 胡杨当年生茎可溶性糖、淀粉及可溶性蛋白含量在各径阶随树冠层次的变化规律

## 6.3.2 灰杨当年生茎可溶性糖、淀粉和可溶性蛋白含量变化规律

如图 6-7 和图 6-8 所示，灰杨当年生茎可溶性糖含量随径阶及树冠层次增加呈增加的趋势，但在 2~6 径阶树冠层次间差异不显著，在 8~20 径阶树冠第 5 层显著高于第 1 层（$P<0.05$）。当年生茎淀粉含量随径阶增加呈减少的趋势，在 8~20 径阶随树冠层次增加呈增加的趋势，且树冠第 1 层与第 5 层差异显著（$P<0.05$）。当年生茎可溶性蛋白含量随径阶增加呈增加的趋势，在 12~20 径阶随树冠层次增加呈增加的趋势，且树冠第 5 层显著高于第 1 层（$P<0.05$）。比较图 6-3 与图 6-7、图 6-4 与图 6-8 可以看出，灰杨异形叶和当年生茎可溶性糖和淀粉含量随径阶及树冠层次的变化规律完全一致；灰杨异形叶和当年生茎可溶性蛋白含量随径阶的变化规律完全一致，但叶的可溶性蛋白含量在 8~20 径阶随树冠层次变化，而当年生茎在 12~20 径阶随树冠层次变化。

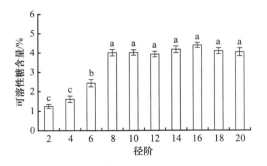
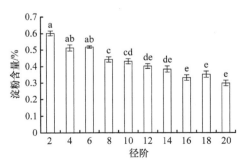

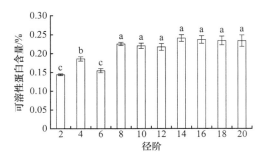

图 6-7 灰杨当年生茎可溶性糖、淀粉及可溶性蛋白随径阶的变化规律

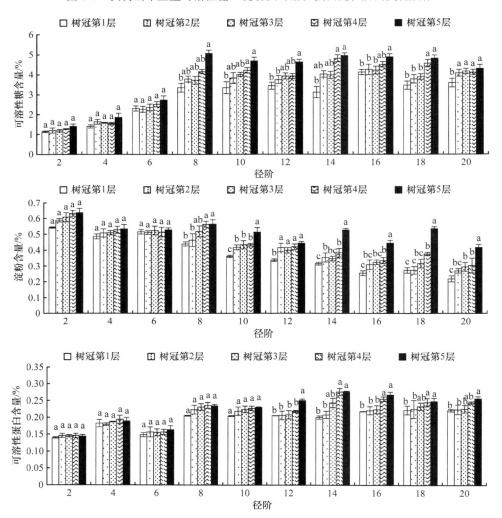

图 6-8 灰杨当年生茎可溶性糖、淀粉及可溶性蛋白在各径阶随树冠层次的变化规律

## 6.4 茎叶生理生化指标与胸径和冠高的相关性

### 6.4.1 胡杨茎叶生理生化指标与胸径和冠高的相关性

表 6-1 表明，胡杨异形叶可溶性糖、淀粉和可溶性蛋白含量分别与胸径和冠高呈极显著/显著负相关关系；当年生茎可溶性糖、淀粉和可溶性蛋白含量分别与胸径和冠高呈极显著/显著负相关关系。结果说明，胡杨异形叶和当年生茎可溶性糖、淀粉及可溶性蛋白含量均与胡杨个体发育阶段密切相关。

**表6-1　胡杨茎叶可溶性糖、淀粉和可溶性蛋白含量与胸径和冠高的相关系数（$n=42$）**

| 指标 | | 胸径 | 冠高 |
| --- | --- | --- | --- |
| 叶片 | 可溶性糖含量 | −0.41** | −0.55** |
| | 淀粉含量 | −0.39* | −0.61** |
| | 可溶性蛋白含量 | −0.56** | −0.75** |
| 当年生茎 | 可溶性糖含量 | −0.76** | −0.85** |
| | 淀粉含量 | −0.34* | −0.57** |
| | 可溶性蛋白含量 | −0.53** | −0.72** |

*表示差异显著（$P<0.05$）；**表示差异极显著（$P<0.01$），本章下同

### 6.4.2 灰杨茎叶生理生化指标与胸径和冠高的相关性

表 6-2 表明，灰杨异形叶和当年生茎的可溶性糖、可溶性蛋白含量均与胸径呈极显著正相关（$P<0.01$），异形叶和当年生茎的淀粉含量与胸径呈显著负相关（$P<0.05$）；异形叶可溶性糖含量、当年生茎可溶性糖含量、当年生茎可溶性蛋白含量与树高呈极显著正相关（$P<0.01$），当年生茎淀粉含量与冠高呈极显著负相关（$P<0.01$）。结果表明，灰杨异形叶及当年生茎可溶性糖、淀粉和可溶性蛋白含量与灰杨个体发育阶段密切相关。

**表6-2　灰杨茎叶可溶性糖、淀粉和可溶性蛋白含量与胸径和冠高的相关系数（$n=119$）**

| 指标 | | 胸径 | 冠高 |
| --- | --- | --- | --- |
| 叶片 | 可溶性糖含量 | 0.64** | 0.30** |
| | 淀粉含量 | −0.18* | −0.01 |
| | 可溶性蛋白含量 | 0.32** | 0.13 |
| 当年生茎 | 可溶性糖含量 | 0.71** | 0.33** |
| | 淀粉含量 | −0.44* | −0.26** |
| | 可溶性蛋白含量 | 0.66** | 0.35** |

## 6.5 茎叶形态指标与生理生化指标的相关性

### 6.5.1 胡杨茎叶形态指标与生理生化指标的相关性

表 6-3 显示,胡杨异形叶可溶性糖、淀粉及可溶性蛋白含量分别与叶片长度、叶形指数呈极显著正相关($P<0.01$),与叶片宽度、叶面积、叶柄长度均呈极显著负相关($P<0.01$)。由此说明,随着胡杨异形叶形态的变化,叶片可溶性糖、淀粉及可溶性蛋白含量也随之发生变化,呈现极为密切的关系。

表6-3 胡杨异形叶可溶性糖、淀粉和可溶性蛋白含量与叶形态指标的相关系数($n=42$)

| 指标 | 叶片可溶性糖含量 | 叶片淀粉含量 | 叶片可溶性蛋白含量 |
| --- | --- | --- | --- |
| 叶片长度 | 0.54** | 0.66** | 0.67** |
| 叶片宽度 | −0.63** | −0.59** | −0.61** |
| 叶形指数 | 0.66** | 0.77** | 0.89** |
| 叶面积 | −0.61** | −0.61** | −0.66** |
| 叶柄长度 | −0.71** | −0.66** | −0.71** |

表 6-4 显示,胡杨当年生茎可溶性糖、淀粉及可溶性蛋白含量与当年生茎长度和每枝叶片数呈极显著正相关($P<0.01$),与当年生茎粗度呈极显著/显著负相关。由此说明,胡杨当年生茎可溶性糖、淀粉和可溶性蛋白含量的变化与当年生茎形态变化密切相关。

表6-4 胡杨当年生茎可溶性糖、淀粉和可溶性蛋白含量与茎形态指标的相关系数($n=42$)

| 指标 | 当年生茎可溶性糖含量 | 当年生茎淀粉含量 | 当年生茎可溶性蛋白含量 |
| --- | --- | --- | --- |
| 当年生茎长度 | 0.82** | 0.40** | 0.54** |
| 当年生茎粗度 | −0.75** | −0.34* | −0.38* |
| 每枝叶片数 | 0.79** | 0.48** | 0.62** |

### 6.5.2 灰杨茎叶形态指标与生理生化指标的相关性

表 6-5 显示,灰杨异形叶可溶性糖、可溶性蛋白含量均与叶片长度呈极显著负相关($P<0.01$),均与叶片宽度、叶面积、叶柄长度呈极显著正相关($P<0.01$);叶片淀粉含量与叶片长度呈极显著正相关($P<0.01$),与叶片宽度和叶柄长度呈极显著/显著负相关。说明,灰杨异形叶可溶性糖、淀粉和可溶性蛋白含量与叶形态存在密切关系。

表6-5 灰杨异形叶可溶性糖、淀粉和可溶性蛋白含量与叶形态指标的相关系数($n=119$)

| 指标 | 叶片可溶性糖含量 | 叶片淀粉含量 | 叶片可溶性蛋白含量 |
| --- | --- | --- | --- |
| 叶片长度 | −0.35** | 0.51** | −0.42** |
| 叶片宽度 | 0.53** | −0.34** | 0.49** |

续表

| 指标 | 叶片可溶性糖含量 | 叶片淀粉含量 | 叶片可溶性蛋白含量 |
|---|---|---|---|
| 叶形指数 | −0.07 | −0.06 | −0.10 |
| 叶面积 | 0.29** | −0.02 | 0.20** |
| 叶柄长度 | 0.34** | −0.22* | 0.33** |

表 6-6 显示，灰杨当年生茎可溶性糖含量与当年生茎长度、每枝叶片数呈极显著负相关（$P<0.01$）；当年生茎淀粉含量与每枝叶片数呈极显著正相关（$P<0.01$）；当年生茎可溶性蛋白含量与每枝叶片数呈极显著负相关（$P<0.01$）。说明，灰杨当年生茎可溶性糖、淀粉和可溶性蛋白含量与每枝叶片数有密切关系，当年生茎可溶性糖含量与当年生茎长度密切相关。

**表6-6** 灰杨当年生茎可溶性糖、淀粉和可溶性蛋白含量与茎形态指标的相关系数（$n=119$）

| 指标 | 当年生茎可溶性糖含量 | 当年生茎淀粉含量 | 当年生茎可溶性蛋白含量 |
|---|---|---|---|
| 当年生茎长度 | −0.26** | 0.10 | −0.08 |
| 当年生茎粗度 | 0.03 | −0.08 | −0.10 |
| 每枝叶片数 | −0.42** | 0.33** | −0.41** |

## 6.6 茎叶生理生化指标与每枝花芽数的相关性

### 6.6.1 胡杨茎叶生理生化指标与每枝花芽数的相关性

表 6-7 显示，胡杨每枝花芽数与异形叶淀粉、可溶性蛋白含量呈显著/极显著负相关，与当年生茎可溶性糖、淀粉及可溶性蛋白含量呈显著/极显著负相关。由此说明，当年生茎可溶性糖、淀粉和可溶性蛋白含量及异形叶淀粉和可溶性蛋白含量的降低有利于每枝花芽数的增加。

**表6-7** 胡杨每枝花芽数与茎叶可溶性糖、淀粉和可溶性蛋白含量的相关系数（$n=81$）

| | 指标 | 每枝花芽数 |
|---|---|---|
| 叶片 | 可溶性糖含量 | −0.25 |
| | 淀粉含量 | −0.38* |
| | 可溶性蛋白含量 | −0.57** |
| 当年生茎 | 可溶性糖含量 | −0.55** |
| | 淀粉含量 | −0.35* |
| | 可溶性蛋白含量 | −0.55** |

### 6.6.2 灰杨茎叶生理生化指标与每枝花芽数的相关性

表 6-8 显示，灰杨每枝花芽数与异形叶可溶性糖和淀粉含量及当年生茎可溶性糖和可

溶性蛋白含量均呈极显著正相关（$P<0.01$），与当年生茎淀粉含量呈极显著负相关（$P<0.01$）。与胡杨不同，灰杨异形叶可溶性糖和淀粉含量及当年生茎可溶性糖和可溶性蛋白含量的升高促进每枝花芽数的增加，而当年生茎淀粉含量的降低有利于花芽数量的增加。

**表6-8　灰杨每枝花芽数与茎叶可溶性糖、淀粉和可溶性蛋白含量的相关系数（$n=81$）**

| 指标 | | 每枝花芽数 |
| --- | --- | --- |
| 叶片 | 可溶性糖含量 | 0.730** |
|  | 淀粉含量 | 0.687** |
|  | 可溶性蛋白含量 | 0.090 |
| 当年生茎 | 可溶性糖含量 | 0.669** |
|  | 淀粉含量 | −0.240** |
|  | 可溶性蛋白含量 | 0.230** |

## 6.7　小结与讨论

### 6.7.1　异形叶和当年生茎生理生化特性随个体发育阶段的变化特点

有研究表明，叶形态、分枝级数、分枝角度、每枝叶片数、当年生茎粗度及叶片可溶性糖含量、叶片淀粉含量和叶片可溶性蛋白含量与植株发育密切相关（李加好等，2015a，2015b；蔡盛华等，2010；Zhao et al.，2008；Heuret et al.，2006；李怀福和胡小三，2005；孙永华和陈学森，2005；Bitonti et al.，2002；张才喜等，2001；金勇丰等，1998；张谷雄等，1990；沈德绪等，1982）。对杏、海棠和桃的研究表明，叶片可溶性糖、淀粉和可溶性蛋白随着树体的增高而增加（孙永华和陈学森，2005；Bitonti et al.，2002；张才喜等，2001）。我们的研究结果表明，胡杨异形叶及当年生茎可溶性糖、淀粉及可溶性蛋白含量随径阶和树冠层次增加的变化规律一致。其中，异形叶及当年生茎的淀粉含量在6～18径阶随树冠层次增加呈增加趋势，可溶性蛋白含量在6～18径阶随树冠层次增加呈减少趋势，异形叶及当年生茎可溶性糖、淀粉和可溶性蛋白含量均与胸径和冠高呈极显著/显著负相关关系。说明胡杨异形叶和当年生茎的可溶性糖、淀粉及可溶性蛋白含量与胸径和冠高的变化密切相关。

灰杨异形叶及当年生茎可溶性糖、淀粉及可溶性蛋白含量随径阶和树冠层次的变化规律一致。其中，异形叶和当年生茎可溶性糖含量、淀粉含量均是在8～20径阶随树冠层次增加呈增加的趋势，异形叶和当年生茎可溶性蛋白含量则分别在8～20径阶、12～20径阶随树冠层次增加呈增加的趋势。相关性分析表明，灰杨异形叶和当年生茎的可溶性糖、可溶性蛋白含量均与胸径呈极显著正相关（$P<0.01$），异形叶和当年生茎的淀粉含量与胸径呈显著负相关（$P<0.05$）；异形叶可溶性糖含量、当年生茎可溶性糖含量、可溶性蛋白含量与冠高呈极显著正相关（$P<0.01$），当年生茎淀粉含量与冠高呈极显著负相关（$P<0.01$）。结果初步表明，灰杨异形叶及当年生茎可溶性糖、淀粉和可溶性蛋白含量与个体发育阶段密切相关。

## 6.7.2 异形叶和当年生茎生理生化特性与成花能力的关系

研究表明，实生树树体上只有达到一定高度或节数后才开始花芽分化（李载龙等，1981；Zimmerman，1972），随着树体高度的增加，许多生理生化指标（如碳水化合物、蛋白质、核酸含量等）都有规律的变化（张才喜等，2001；陈大明等，1994；王定祥，1986），表明碳水化合物及蛋白质等可能在植物成年阶段转变及成花能力提高方面有重要的作用。我们的研究结果表明，胡杨每枝花芽数与异形叶的淀粉、可溶性蛋白含量呈显著/极显著负相关，与当年生茎可溶性糖、淀粉及可溶性蛋白含量呈显著/极显著负相关。灰杨每枝花芽数与异形叶可溶性糖和淀粉含量及当年生茎可溶性糖和可溶性蛋白含量呈极显著正相关，与当年生茎淀粉含量呈极显著负相关。说明，胡杨的成花能力（数量的多和少）与异形叶的淀粉和可溶性蛋白含量及当年生茎的可溶性糖、淀粉和可溶性蛋白含量都有密切关系，而灰杨的成花能力与异形叶的可溶性糖和淀粉含量及当年生茎的可溶性糖、淀粉和可溶性蛋白含量有密切关系。

相关性分析还表明，胡杨当年生茎可溶性糖、淀粉和可溶性蛋白含量的降低和异形叶淀粉、可溶性蛋白含量的降低有利于每枝花芽数的增加。这种关系表现在，在 2~4 径阶胡杨异形叶及当年生茎可溶性蛋白含量较高，这可能是用于支持营养生长阶段各器官的形态建成；从 6 径阶花芽开始出现以后，异形叶及当年生茎可溶性蛋白含量迅速降低并随径阶的增加保持在同一水平，在树冠的第 5 层（树冠顶部有较多花的部位）可溶性蛋白含量显著低于树冠的第 1 层（树冠基部无花分布的部位），推测可能是由于异形叶及当年生茎中可溶性蛋白用于花芽的形成和每枝花芽数的增加所致。灰杨与胡杨有所不同。灰杨异形叶可溶性糖和淀粉含量及当年生茎可溶性糖和可溶性蛋白含量的升高促进每枝花芽数的增加，而当年生茎淀粉含量的降低有利于花芽数量的增加。

相关性分析还显示，胡杨和灰杨异形叶和当年生茎的形态、可溶性糖含量、淀粉含量和可溶性蛋白含量及花芽数量间存在协同变化关系。胡杨表现为随异形叶叶面积的增加，异形叶可溶性糖、淀粉及可溶性蛋白含量显著降低，有利于每枝花芽数的增加；随着当年生茎长度减小和粗度增加及每枝叶片数减少，其可溶性糖、淀粉及可溶性蛋白含量减小，促进每枝花芽数增加。灰杨表现为随异形叶叶面积增加，其可溶性糖含量增加，从而促进每枝花芽数增加；随着当年生茎长度减小，其可溶性糖含量增加，进而促进每枝花芽数增加；随着当年生茎每枝叶片数减少，当年生茎可溶性糖和可溶性蛋白含量增加，以此促进每枝花芽数增加。

综合分析认为，胡杨、灰杨通过异形叶及当年生茎可溶性糖、淀粉和可溶性蛋白含量及异形叶和当年生茎形态数量的协同变化，实现对其自身成花能力的调控，异形叶和当年生茎在形态、生理特性方面的协同变化在生殖生长过程中发挥着重要的调节作用。

## 主要参考文献

蔡盛华, 陆修闽, 卢新坤, 等. 2010. 红肉蜜柚结果枝径粗、长度、叶片数与成花的关系. 中国农学通报, 26(1): 78-81.

陈大明, 沈德绪, 李载龙. 1994. 梨实生树童区和成年区顶端分生组织的细胞学研究(简报). 植物生理学通讯, 30(5): 343-345.

陈东玫, 赵永波, 俎文芳, 等. 2005. 桃实生树不同节位叶绿素、可溶性蛋白质的动态变化. 河北农业大学学报, (1): 16-17.

冯梅, 黄文娟, 李志军. 2014. 胡杨叶形变化与叶片养分间的关系. 生态学杂志, 33(6): 1467-1473.

金勇丰, 李载龙, 陈大明. 1998. 湖北海棠实生树阶段转变过程中多胺 RNA/DNA 和蛋白质含量的变化. 浙江农业学报, 10(5): 264-267.

李怀福, 胡小三. 2005. 山金柑实生苗童期的研究. 特产研究, 27(1): 23-25.

李加好, 冯梅, 李志军. 2015a. 胡杨叶片碳水化合物及可溶性蛋白特征与叶形变化和个体发育阶段的关系. 植物研究, 35(4): 521-527.

李加好, 刘帅飞, 李志军. 2015b. 胡杨枝、叶和花芽形态数量变化与个体发育阶段的关系. 生态学杂志, 34(4): 941-946.

李载龙, 沈德绪, 郑淑群. 1981. 梨实生苗的童程、结果和遗传. 浙江农业大学学报, 7(3): 51-58.

沈德绪, 李载龙, 郑淑群, 等. 1982. 梨杂种实生苗生长量与童期相关问题的研究. 园艺学报, 9(4): 27-32.

孙永华, 陈学森. 2005. 杏杂种实生树叶片童性的研究. 果树学报, 22(4): 327-330.

王定祥. 1986. 梨实生树个体发育过程中蛋白质含量、过氧化物酶和多酚氧化酶同工酶的变化. 植物生理学报, 12(1): 42-47.

王艳霞. 2001. 湖北海棠阶段转变过程中内源激素的分析. 浙江大学硕士学位论文.

许智宏. 2012. 植物激素作用的分子机理. 上海: 上海科学技术出版社.

张才喜, 李载龙, 陈大明. 2001. 湖北海棠阶段转变的生理基础. 植物资源与环境学报, 10(1): 57-59.

张谷雄, 陈建平, 邓光宙, 等. 1990. 柑桔砧木实生苗童期和童程研究. 中国柑桔, 19(2): 7-9.

Besford R T, Hand P, Peppitt S D, et al. 1996. Phase change in *Prunus avium* differences between juvenile and mature shoots identified by 2-dimensional protein separation and *in vitro* translation of mRNA. Journal of Plant Physiology, 147(5): 534-538.

Bitonti M B, Cozza R, Chiappetta A, et al. 2002. Distinct nuclear organization, DNA methylation pattern and cytokinin distribution mark juvenile, juvenile-like and adult vegetative apical meristems in peach (*Prunus persica* (L.) Batsch). Journal of Experimental Botany, 53(371): 1047-1054.

Buban T, Faust M. 1982. Flower bud induction in apple trees: internal control and differentiation. Horticultural Reviews, (4): 174.

Faust M. 1989. Physiology of temperate zone on fruit trees. New York: John Wiley & Sons, 245-253.

Grochowska M J, Karaszewska A, Jankowska B, et al. 1984. The pattern of hormones of intact apple shoots and its changes after spraying with growth regulators. Acta Horticulturae, 149: 25-38.

Hand P, Besford R T, Richardson C M, et al. 1996. Antibodies to phase related proteins in juvenile and mature *Prunus avium*. Plant Growth Regulation, 20(1): 25-29.

Heuret P, Meredieu C, Coudurier T, et al. 2006. Ontogenetic trends in the morphological features of main stem annual shoots of *Pinus pinaster* (Pinaceae). American Journal of Botany, 93(11): 1577-1587.

Moncaleán P, Rodríguez A, Fernández B. 2002. Plant growth regulators as putative physiological markers of developmental stage in *Prunus persica*. Plant Growth Regulation, 36(1): 27-29.

Zhao C M, Chen L T, Ma F, et al. 2008. Altitudinal differences in the leaf fitness of juvenile and mature alpine spruce trees (*Picea crassifolia*). Tree Physiology, 28(1): 133-141.

Zimmerman R H. 1972. Juvenility and flowering of fruit trees. Acta Horticulturae, 34: 139-142.

# 第7章 异形叶及当年生茎养分含量与个体发育阶段的关系

植物体内 N、P 含量变化较大（罗在柒等，2011），但叶片的 P、K 含量几乎不随植株生长发育而变化，N 含量则随叶片部位和植株生长发育时期而异，一般都表现为随植株生长发育逐渐增加的趋势（曹均等，2009）。有研究表明，植物叶形态（Zhao et al.，2008），分枝级数（张谷雄等，1990），枝条粗度（沈德绪等，1982），枝叶 N、P、K、C 含量（何永群等，2010）及碳氮比（有机碳含量与氮含量之比，C/N）与植株发育密切相关，可以反映树种和植株生长阶段对每种元素的需求量（李艳等，2008）。碳氮比学说认为植物开花是由营养状态控制，高的碳水化合物与氮素之比为植物开花所必需，反之，则会促进营养生长（Corbesier et al.，2002）。

对胡杨 4 个发育阶段异形叶全 N、全 P 及全 K 含量的研究表明，在不同的发育阶段异形叶全 N、全 P 及全 K 含量有差异，并且它们与胡杨异形叶形态、叶面积变化有关（冯梅等，2014）。但目前，尚不明晰胡杨和灰杨异形叶及其着生茎形态、养分含量与个体发育阶段间的相互关系，以及异形叶及当年生茎形态、养分含量变化在生殖生长中的作用。本研究以同一立地条件下不同发育阶段的胡杨、灰杨为研究对象，研究异形叶及当年生茎养分含量随胸径和冠高变化的规律，以及与花芽形态数量的关系，以期阐明胡杨、灰杨异形叶及当年生茎形态、养分含量变化在个体发育阶段中的作用。

## 7.1 研究方法

### 7.1.1 研究区概况

研究区概况同第 2 章 "2.1.1 研究区概况"。

### 7.1.2 试验设计

胡杨、灰杨径阶划分方法同第 2 章 "2.1.2 试验设计"。从胡杨 2～18 径阶选取 105 株样株，样本数为 105 个；从灰杨 2～20 径阶选取 119 株样株，样本数为 119 个。

### 7.1.3 采样方法

冠高测算、树冠层次划分方法及采样时期同第 2 章 "2.1.4 异形叶和花空间分布调查"。在样株树冠第 1～第 5 层的中央位置按东、南、西、北 4 个方位各采集 1 个当年生枝，每个树冠层次共采集 4 个，每一株样株共采集当年生枝 20 个。

## 7.1.4 茎叶形态测定方法

统计胡杨、灰杨每枝叶片数和每枝花芽数，并选取当年生枝基部开始第 4 节位叶片为样叶。以 MRS-9600TFU2 扫描仪对当年生茎、叶、花芽进行扫描，用万深 LA-S 植物图像分析软件测量当年生茎形态指标参数（当年生茎长度和粗度）、花芽形态指标参数（花芽长度和宽度）、异形叶形态指标参数（叶片长度、叶片宽度、叶面积、叶柄长度、叶片周长），计算叶形指数。

## 7.1.5 茎叶养分含量测定方法

样品处理：树冠同一层次 4 个当年生茎的混合样为该树冠层次茎的测试样品，同一层次 4 个当年生茎上所有叶片的混合样为该树冠层次叶的测试样品。将当年生茎、异形叶的混合样品用自来水冲洗干净，再用去离子水冲洗两遍，阴干后置于烘箱中，在 105℃条件下杀青 10min，然后在 65℃条件下烘至恒重。烘干后的样品取出后迅速用植物粉碎机粉碎，过 100 目筛备用。

测定方法：N 含量采用开氏消煮法；P 含量采用钼锑抗比色法；K 含量采用乙酸铵提取-火焰光度法；有机碳含量采用低温外热重铬酸钾氧化-外加热法。计算碳氮比（C/N）。

## 7.1.6 数据统计分析方法

树冠各层次当年生茎、异形叶形态指标参数值：分别为树冠各层次 4 个当年生茎（东、南、西、北 4 个方位）及当年生茎基部开始的第 4 节位 4 个异形叶形态指标参数的平均值。

样株叶片形态指标参数值：为样株树冠 5 个层次当年生茎、异形叶形态指标参数值的平均值。

同一径阶当年生茎、异形叶形态指标参数值：为同一径阶内所有样株当年生茎、异形叶形态指标参数值的平均值。

同一径阶树冠各层次当年生茎、异形叶形态指标参数值：为同一径阶内所有样株树冠同一层次当年生茎、异形叶形态指标参数值的平均值。

树冠各层次当年生茎、异形叶养分含量指标参数值：为树冠各层次 4 个当年生茎（东、南、西、北 4 个方位）及其着生叶养分含量指标参数值的平均值。

样株当年生茎、异形叶养分含量指标参数值：为样株树冠 5 个层次当年生茎、异形叶养分含量指标参数值的平均值。

同一径阶当年生茎、异形叶养分含量指标参数值：为同一径阶内所有样株当年生茎、异形叶养分含量指标参数值的平均值。

同一径阶树冠各层次当年生茎、异形叶养分含量指标参数值：为同一径阶内所有样株树冠同一层次当年生茎、异形叶养分含量指标参数值的平均值。

用 SPSS 17.0 软件对数据进行单因素方差分析，用 Pearson 相关系数检验各指标的相关性。

## 7.2 异形叶养分含量随径阶和树冠层次的变化规律

### 7.2.1 胡杨异形叶养分含量随径阶和树冠层次的变化规律

如图 7-1 和图 7-2 所示，胡杨异形叶 N 含量随径阶和树冠层次增加呈增加的趋势，各径阶树冠的第 1 层与第 5 层均存在显著差异（$P<0.05$）；P 含量随径阶增加呈增加的趋势，6 径阶树冠第 1 层与第 5 层差异显著（$P<0.05$）；K 含量在不同径阶间差异不显著，在 4 径阶树冠第 1 层与第 5 层差异显著（$P<0.05$）；有机碳含量随径阶增加呈增加的趋势，在 2 径阶、6～18 径阶随树冠层次增加呈增加的趋势，且树冠第 1 层与第 5 层差异显著（$P<0.05$）；C/N 在 4 径阶显著减小，并在 4～18 径阶保持在同一水平，在 2～6 径阶、12 径阶及 18 径阶 C/N 随树冠层次增加呈减小的趋势，且树冠第 1 层与第 5 层差异显著（$P<0.05$）。初步说明，胡杨异形叶 N、P、有机碳含量是随径阶及树冠层次增加而增加，C/N 则是随径阶及树冠层次增加而减小，K 含量仅在 4 径阶树冠第 1 层与第 5 层差异显著。

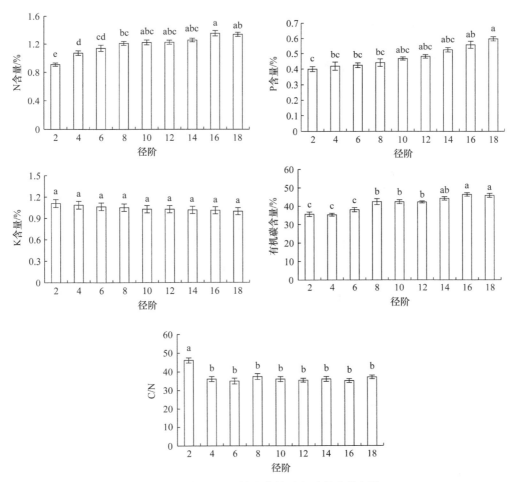

图 7-1 胡杨异形叶养分含量随径阶的变化规律

各小图柱子上方不含有相同小写字母代表不同径阶间差异显著（$P<0.05$），本章下同

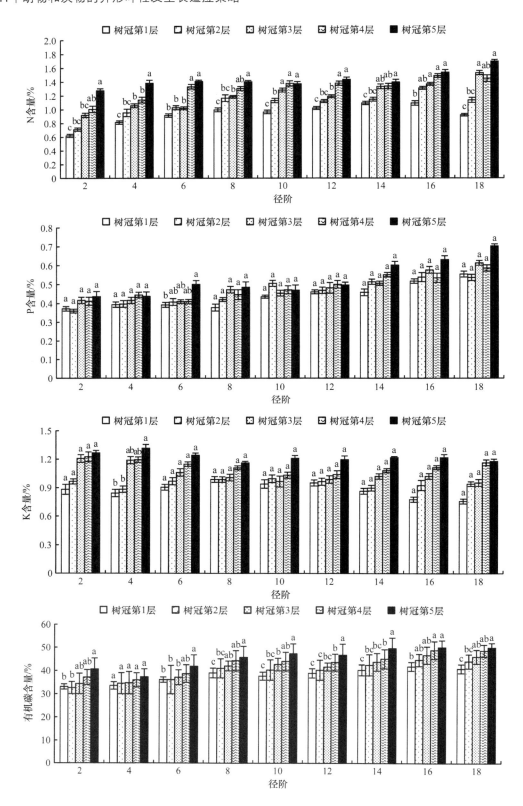

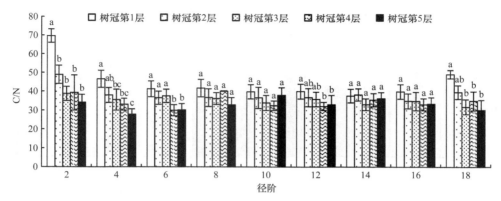

图 7-2　胡杨异形叶养分含量在各径阶随树冠层次的变化规律

各小图每组柱子上方不含有相同小写字母代表同一径阶树冠不同层次间差异显著（$P<0.05$），本章下同

## 7.2.2　灰杨异形叶养分含量随径阶和树冠层次的变化规律

如图 7-3 和图 7-4 所示，灰杨异形叶 N 含量随径阶增加呈增加的趋势，在 6~20 径阶

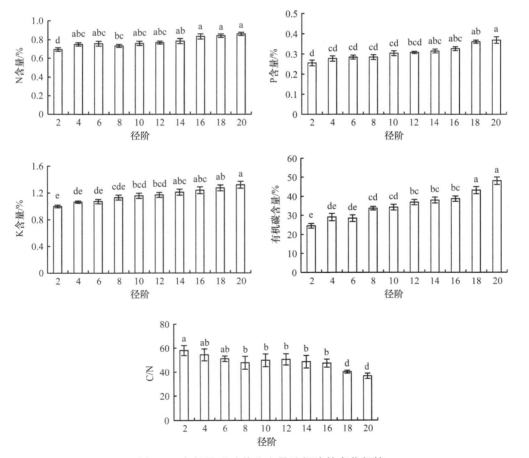

图 7-3　灰杨异形叶养分含量随径阶的变化规律

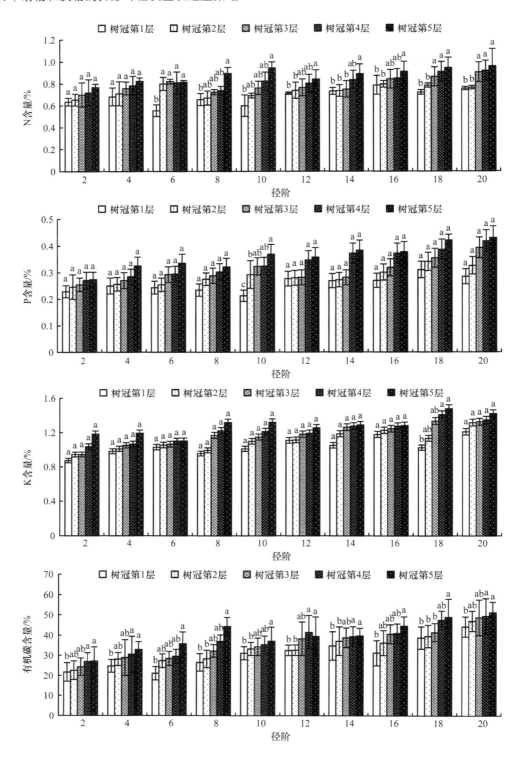

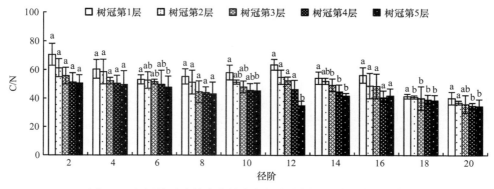

图 7-4　灰杨异形叶养分含量在各径阶随树冠层次的变化规律

随树冠层次增加呈增加的趋势，树冠第 1 层与第 5 层差异显著（$P<0.05$）；P 含量随径阶增加呈增加的趋势，在 10 径阶树冠第 1 层与第 5 层差异显著（$P<0.05$）；K 含量随径阶增加呈增加的趋势，在 18 径阶树冠第 1 层与第 5 层差异显著（$P<0.05$）；有机碳含量随径阶增加呈增加的趋势，在 2~20 径阶随树冠层次增加呈增加的趋势，且树冠第 1 层与第 5 层差异显著（$P<0.05$）；C/N 随径阶增加呈减小的趋势，在 6 径阶、10~14 径阶、18 径阶、20 径阶随树冠层次增加呈减小的趋势，且树冠第 1 层与第 5 层差异显著（$P<0.05$）。初步说明，灰杨异形叶 N、P、K、有机碳含量均是随径阶及树冠层次增加而增加，C/N 随径阶和树冠层次增加而减小。

## 7.3　当年生茎养分含量随径阶和树冠层次的变化规律

### 7.3.1　胡杨当年生茎养分含量随径阶和树冠层次的变化规律

如图 7-5 和图 7-6 所示，胡杨当年生茎 N 含量随径阶增加呈增加的趋势，在 2~12 径阶、18 径阶随树冠层次增加呈增加的趋势，树冠第 1 层与第 5 层差异显著（$P<0.05$）；P 含量随径阶增加呈增加的趋势，但各径阶树冠不同层次间差异不显著；K 含量在不同径阶间差异不显著，但在 8 径阶、12 径阶树冠第 1 层与第 5 层差异显著（$P<0.05$）；有机碳含量随径阶增加呈现先增加后降低的趋势，在 2~18 径阶随树冠层次增加呈增加的趋势，且树冠第 1 层与第 5 层差异显著（$P<0.05$）；C/N 随径阶增加呈减小的趋势，在 2 径阶树冠第

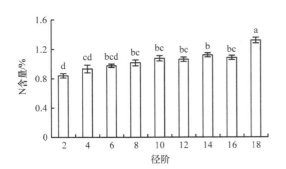
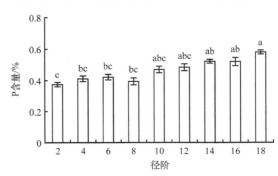

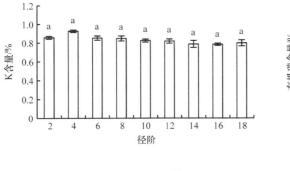
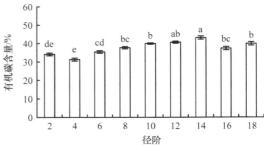
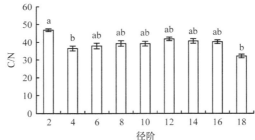

图 7-5　胡杨当年生茎养分含量随径阶的变化规律

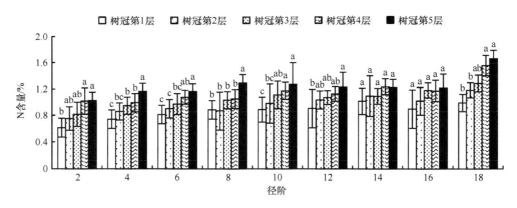

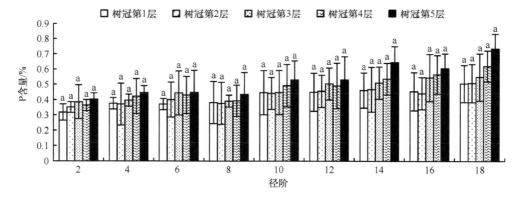

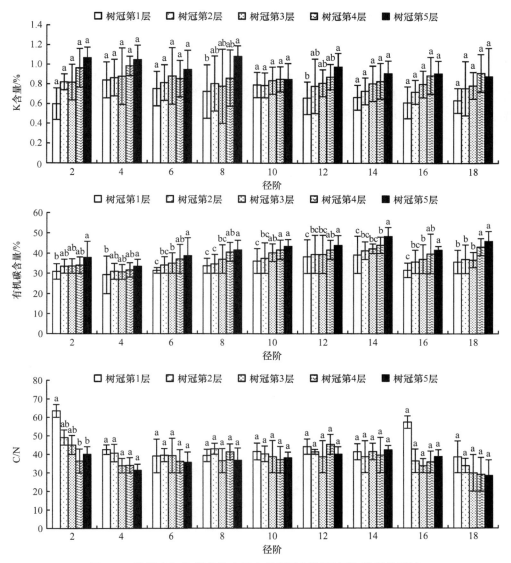

图 7-6 胡杨当年生茎养分含量在各径阶随树冠层次的变化规律

1 层与第 5 层差异显著（$P<0.05$）。结果表明，胡杨当年生茎 N、P、有机碳含量和 C/N 随径阶及树冠层次变化而变化，K 含量不随径阶而变化，但随树冠层次变化。

### 7.3.2 灰杨当年生茎养分含量随径阶和树冠层次的变化规律

如图 7-7 和图 7-8 所示，灰杨当年生茎 N 含量随径阶增加呈增加的趋势，在 2 径阶、4 径阶、12～16 径阶随树冠层次增加呈增加的趋势，树冠第 1 层与第 5 层差异显著（$P<0.05$）；P 含量随径阶增加呈增加的趋势，在 12～20 径阶随树冠层次增加呈增加的趋势，树冠第 1 层与第 5 层差异显著（$P<0.05$）；K 含量随径阶增加呈增加的趋势，在

10～16 径阶随树冠层次增加呈增加的趋势，且 10 径阶、12 径阶和 16 径阶树冠第 1 层与第 5 层差异显著（$P<0.05$）；有机碳含量随径阶增加呈增加的趋势，在 2 径阶、12～18 径阶随树冠层次增加呈增加的趋势，且树冠第 1 层与第 5 层差异显著（$P<0.05$）；C/N 随径阶增加呈增加的趋势，在 16～20 径阶随树冠层次增加呈增加的趋势，且树冠第 1 层与第 5 层差异显著（$P<0.05$）。结果表明，灰杨当年生茎 N、P、K、有机碳含量及 C/N 均随径阶及树冠层次增加呈增加的趋势。

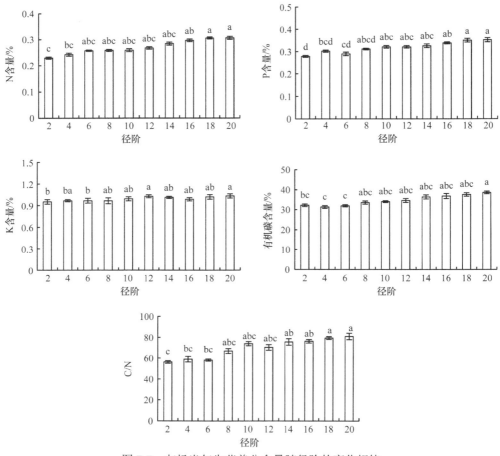

图 7-7　灰杨当年生茎养分含量随径阶的变化规律

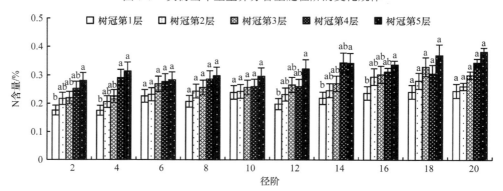

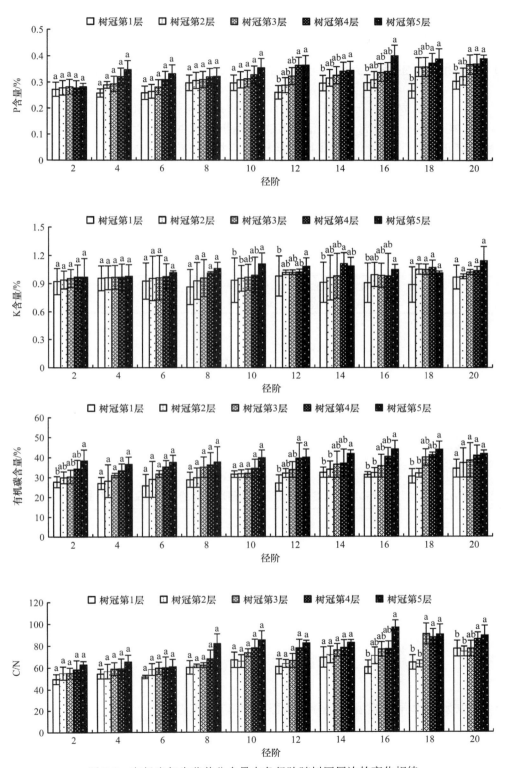

图 7-8 灰杨当年生茎养分含量在各径阶随树冠层次的变化规律

## 7.4 当年生茎和异形叶养分含量与胸径和冠高的相关性

### 7.4.1 胡杨当年生茎和异形叶养分含量与胸径和冠高的相关性

表 7-1 显示，胡杨异形叶 N、P 及有机碳含量均与胸径和冠高呈极显著正相关（$P<0.01$），C/N 与胸径和冠高呈极显著负相关；当年生茎 N、P 及有机碳含量均与胸径和冠高呈极显著正相关（$P<0.01$）。说明，胡杨当年生茎和异形叶 N、P、有机碳含量及 C/N 与胡杨个体发育阶段密切相关。

表7-1 胡杨异形叶和当年生茎养分含量与胸径和冠高的Pearson相关系数（$n=105$）

| 指标 | 异形叶 | | | | | 当年生茎 | | | | |
| --- | --- | --- | --- | --- | --- | --- | --- | --- | --- | --- |
| | N含量 | P含量 | K含量 | 有机碳含量 | C/N | N含量 | P含量 | K含量 | 有机碳含量 | C/N |
| 胸径 | 0.59** | 0.41** | −0.15 | 0.78** | −0.31** | 0.56** | 0.40** | −0.13 | 0.59** | −0.09 |
| 冠高 | 0.63** | 0.27** | −0.09 | 0.69** | −0.27** | 0.55** | 0.31** | −0.08 | 0.55** | −0.16 |

\*\*表示差异极显著（$P<0.01$），本章下同

### 7.4.2 灰杨当年生茎和异形叶养分含量与胸径和冠高的相关性

表 7-2 显示，灰杨异形叶 N、P、K 和有机碳含量及 C/N 分别与胸径和冠高呈极显著/显著正相关；当年生茎 N、P、K 和有机碳含量分别与胸径和冠高呈极显著/显著正相关。说明，灰杨当年生茎和异形叶 N、P、K 和有机碳含量及叶片 C/N 与灰杨个体发育阶段密切相关。

表 7-2 灰杨异形叶和当年生茎养分含量与胸径和冠高的 Pearson 相关系数（$n=119$）

| 指标 | 异形叶 | | | | | 当年生茎 | | | | |
| --- | --- | --- | --- | --- | --- | --- | --- | --- | --- | --- |
| | N含量 | P含量 | K含量 | 有机碳含量 | C/N | N含量 | P含量 | K含量 | 有机碳含量 | C/N |
| 胸径 | 0.60** | 0.44** | 0.19* | 0.26** | 0.16* | 0.39** | 0.30** | 0.16* | 0.19* | 0.16 |
| 冠高 | 0.51** | 0.32** | 0.11* | 0.31** | 0.21** | 0.43** | 0.35** | 0.26* | 0.25** | 0.08 |

\*表示差异显著（$P<0.05$），本章下同

## 7.5 茎叶养分含量与茎叶形态指标的相关性

### 7.5.1 胡杨茎叶养分含量与茎叶形态指标的相关性

表 7-3 显示，胡杨异形叶 N、P 和有机碳含量分别与叶面积、叶片周长、叶片宽度和叶柄长度呈显著/极显著正相关，与叶形指数、叶片长度呈显著/极显著负相关；K 含量仅

与叶片周长呈显著负相关；C/N 与叶形指数呈显著正相关，与叶面积、叶片周长、叶片宽度和叶柄长度呈显著/极显著负相关。说明，胡杨异形叶 N、P、K 和有机碳含量及 C/N 与异形叶形态密切相关。

表7-3　胡杨异形叶养分含量与叶形态指标的Pearson相关系数（$n$=105）

| 指标 | 叶片 N 含量 | 叶片 P 含量 | 叶片 K 含量 | 叶片有机碳含量 | 叶片 C/N |
| --- | --- | --- | --- | --- | --- |
| 叶形指数 | −0.58** | −0.30** | 0.06 | −0.67** | 0.25* |
| 叶面积 | 0.55** | 0.31** | −0.14 | 0.58** | −0.28* |
| 叶片周长 | 0.42** | 0.23* | −0.23* | 0.47** | −0.23* |
| 叶片长度 | −0.39** | −0.24* | −0.08 | −0.51** | 0.05 |
| 叶片宽度 | 0.58** | 0.37** | −0.12 | 0.69** | −0.24* |
| 叶柄长度 | 0.59** | 0.24* | −0.13 | 0.59** | −0.31** |

表 7-4 显示，胡杨当年生茎 N、P 和有机碳含量与当年生茎长度呈显著/极显著负相关，与当年生茎粗度呈极显著正相关；N 和有机碳含量与每枝叶片数呈极显著负相关。说明，胡杨当年生茎 N、P 和有机碳含量与当年生茎长度和粗度及每枝叶片数密切相关。

表7-4　胡杨当年生茎养分含量与茎形态指标的Pearson相关系数（$n$=105）

| 指标 | 当年生茎 N 含量 | 当年生茎 P 含量 | 当年生茎 K 含量 | 当年生茎有机碳含量 | 当年生茎 C/N |
| --- | --- | --- | --- | --- | --- |
| 当年生茎长度 | −0.32** | −0.18* | 0.03 | −0.23** | 0.14 |
| 当年生茎粗度 | 0.45** | 0.35** | −0.11 | 0.52** | −0.03 |
| 每枝叶片数 | −0.28** | −0.14 | 0.14 | −0.37** | 0.04 |

### 7.5.2　灰杨茎叶养分含量与茎叶形态指标的相关性

表 7-5 显示，灰杨异形叶 N、P 和有机碳含量及 C/N 分别与叶片长度、叶形指数呈显著/极显著负相关，与叶片宽度和叶柄长度呈显著/极显著正相关；K 含量与叶形指数呈显著负相关，与叶面积和叶柄长度呈显著正相关。结果表明，灰杨异形叶 N、P、K 和有机碳含量及 C/N 与异形叶形态密切相关。

表7-5　灰杨异形叶养分含量与叶形态指标的Pearson相关系数（$n$=119）

| 指标 | 叶片 N 含量 | 叶片 P 含量 | 叶片 K 含量 | 叶片有机碳含量 | 叶片 C/N |
| --- | --- | --- | --- | --- | --- |
| 叶片长度 | −0.39** | −0.29** | −0.05 | −0.21* | −0.13** |
| 叶片宽度 | 0.59** | 0.39** | 0.08 | 0.27** | 0.15** |
| 叶片周长 | 0.05 | 0.03 | −0.04 | −0.14 | −0.07 |
| 叶形指数 | −0.51** | −0.26** | −0.18* | −0.33** | −0.13** |
| 叶面积 | 0.36** | 0.31** | 0.15* | 0.17* | 0.09 |
| 叶柄长度 | 0.42** | 0.32* | 0.27* | 0.19* | 0.31** |

表 7-6 显示，灰杨当年生茎 N、P、K 和有机碳含量与当年生茎长度、每枝叶片数呈显著/极显著负相关；N、P、K 含量与当年生茎粗度呈显著正相关。初步说明，灰杨当年生茎 N、P、K 和有机碳含量与当年生茎长度和粗度及每枝叶片数密切相关。

表7-6　灰杨当年生茎养分含量与茎形态指标的Pearson相关系数（$n=119$）

| 指标 | 当年生茎 N 含量 | 当年生茎 P 含量 | 当年生茎 K 含量 | 当年生茎有机碳含量 | 当年生茎 C/N |
| --- | --- | --- | --- | --- | --- |
| 当年生茎长度 | −0.41** | −0.32** | −0.13* | −0.21* | −0.08 |
| 当年生茎粗度 | 0.35* | 0.24* | 0.14* | 0.13 | 0.08 |
| 每枝叶片数 | −0.42** | −0.37** | −0.13* | −0.25** | −0.01 |

## 7.6　每枝花芽数与茎叶养分含量的相关性

### 7.6.1　胡杨每枝花芽数与茎叶养分含量的相关性

表 7-7 和表 7-8 显示，胡杨每枝花芽数与叶片 N、P、有机碳含量呈极显著正相关，与叶片 C/N 呈显著负相关。胡杨每枝花芽数与当年生茎 N、P、有机碳含量呈极显著正相关。表明，每枝花芽数增加与异形叶和当年生茎的 N、P 及有机碳含量增加关系密切，同时与异形叶 C/N 降低有密切关系。

表7-7　胡杨每枝花芽数与异形叶养分含量的Pearson相关系数（$n=105$）

| 指标 | 叶片 N 含量 | 叶片 P 含量 | 叶片 K 含量 | 叶片有机碳含量 | 叶片 C/N |
| --- | --- | --- | --- | --- | --- |
| 每枝花芽数 | 0.54** | 0.39** | −0.16 | 0.58** | −0.27* |

表7-8　胡杨每枝花芽数与当年生茎养分含量的Pearson相关系数（$n=105$）

| 指标 | 当年生茎 N 含量 | 当年生茎 P 含量 | 当年生茎 K 含量 | 当年生茎有机碳含量 | 当年生茎 C/N |
| --- | --- | --- | --- | --- | --- |
| 每枝花芽数 | 0.47** | 0.33** | −0.18 | 0.45** | −0.19 |

### 7.6.2　灰杨每枝花芽数与茎叶养分含量的相关性

表 7-9 和表 7-10 显示，灰杨每枝花芽数与异形叶和当年生茎的 N、P、K、有机碳含量及 C/N 均呈显著/极显著正相关。表明，灰杨每枝花芽数的增加与异形叶和当年生茎的 N、P、K 和有机碳含量增加及异形叶 C/N 升高有密切关系。

表7-9　灰杨每枝花芽数与异形叶养分含量的Pearson相关系数（$n=119$）

| 指标 | 叶片 N 含量 | 叶片 P 含量 | 叶片 K 含量 | 叶片有机碳含量 | 叶片 C/N |
| --- | --- | --- | --- | --- | --- |
| 每枝花芽数 | 0.75* | 0.81** | 0.89** | 0.88** | 0.90** |

表7-10　灰杨每枝花芽数与当年生茎养分含量的Pearson相关系数（$n$=119）

| 指标 | 当年生茎N含量 | 当年生茎P含量 | 当年生茎K含量 | 当年生茎有机碳含量 | 当年生茎C/N |
|---|---|---|---|---|---|
| 每枝花芽数 | 0.87** | 0.81** | 0.76* | 0.83** | 0.88* |

## 7.7　小结与讨论

### 7.7.1　异形叶及当年生茎养分含量随个体发育阶段变化的特点

因树种和生长阶段不同，植物对每种元素的需求量也不同（李艳等，2008）。例如，随着树龄的增大，油棕树叶片中N含量出现双"S"的变化规律，K含量则是先增加后减少，P、Ca、Mg含量的变化不大（冯美利等，2012）；文冠果叶片N、P、K含量随着树龄的增加而下降（刘波等，2010）；刺槐根和叶中N、P含量随着树龄的增加呈增加的趋势，K含量则呈降低的趋势（李靖等，2013）；胡杨叶片有机碳含量随着树龄的增加呈先增加后减少的趋势，N、K含量呈先减少后增加的趋势，P含量从幼株到成年植株增加，之后又逐渐减少（史军辉等，2017）。树冠垂直空间的养分在不同冠层之间也存在较大差异（程徐冰等，2011；朱建林等，1992）。例如，蒙古栎树冠上部和下部叶片N含量无显著差异，对N的再吸收效率和利用效率无明显影响，而冠层上部叶片P的含量明显高于冠层下部，且再吸收效率和利用效率显著高于冠层下部（程徐冰等，2011）；对油松的研究表明，无论是一年生叶还是二年生叶，K含量呈现自上而下逐渐增加的趋势（朱建林等，1992）。

我们研究发现，胡杨异形叶和当年生茎的N、P和有机碳含量基本呈现随径阶及树冠层次增加而增加，异形叶C/N则随径阶及树冠层次增加呈减小趋势，而异形叶和当年生茎K含量仅随树冠层次增加有较明显变化。相关性分析表明，胡杨异形叶和当年生茎的N、P和有机碳含量及异形叶C/N与胡杨胸径和冠高密切相关。说明，胡杨当年生茎和异形叶N、P和有机碳含量及异形叶C/N与胡杨个体发育阶段密切相关。

灰杨异形叶和当年生茎N、P、K、有机碳含量及C/N随径阶及树冠层次的变化规律与胡杨有所不同。灰杨异形叶N、P、K、有机碳含量均随径阶和树冠层次增加呈增加的趋势，C/N随径阶和树冠层次增加呈减小的趋势。灰杨当年生茎N、P、K、有机碳含量及C/N均随径阶和树冠层次增加呈增加/增大的趋势。相关性分析表明，灰杨异形叶和当年生茎N、P、K和有机碳含量及异形叶C/N与胸径和冠高密切相关。说明，灰杨异形叶和当年生茎N、P、K和有机碳含量及异形叶C/N与灰杨个体发育阶段密切相关。

研究还发现，胡杨、灰杨异形叶和当年生茎养分含量随个体发育阶段变化的同时，也随异形叶和当年生茎的形态变化。胡杨表现为随着异形叶叶面积和叶柄长度增加，N、P和有机碳含量增加及C/N减小；随着每枝叶片数减少、当年生茎长度减小、粗度增加当年生茎N、P和有机碳含量增加。灰杨表现为随着异形叶叶面积和叶柄长度增加和叶形指数减小，叶片N、P、K和有机碳含量及C/N增加；随着当年生茎粗度增加、当年生茎长度减小及每枝叶片数减少，当年生茎N、P、K和有机碳含量增加。说明胡杨、灰杨异形叶及当年生茎形态与养分含量随个体发育阶段协同变化。分析认为，这种协同变化使胡杨、灰杨逐渐拥有了更大的光合面积和高效的茎叶输导系统，以满足胡杨、灰杨各发育阶段对养分的需求。

## 7.7.2 异形叶及当年生茎养分含量与生殖生长的关系

矿物质是植物花芽分化过程中不可缺少的因子，其通过影响营养物质和调节物质的构建，进而影响成花的生理及基因表达。植物在营养生长到生殖生长过程中，碳水化合物、氮磷钾含量和 C/N 均发挥着重要作用（何永群等，2010；Goldschmidt and Golomb，1982）。有研究表明，植物体内各类重要化合物骨架是由碳元素构成；花和花序发育是由氮元素决定，氮元素浓度控制在一定范围内才能使开花量增加；花芽形态分化期所需的能量是由磷元素合成的大量营养物质来提供（齐红岩等，2008）。本书第 5 章的研究结果表明，胡杨、灰杨的每枝花芽数均随径阶和树冠层次增加而增加，每枝花芽数与胸径和冠高呈极显著正相关。本章研究结果显示，胡杨茎叶 N、P 和有机碳含量随胸径和冠高增加而增加，且均与每枝花芽数呈极显著正相关，表明胡杨每枝花芽数与个体发育阶段和茎叶 N、P、有机碳含量密切相关。灰杨茎叶 N、K、P 和有机碳含量随胸径和冠高增加而增加，均与每枝花芽数呈显著/极显著正相关，表明胡杨、灰杨每枝花芽数与个体发育阶段密切相关，与当年生茎叶 N、P、有机碳含量也有密切关系。

植物开花需要高的碳水化合物与氮素比例，营养状态控制着植物开花，这是碳氮比学说的观点，碳氮比低时促进植株营养生长，碳氮比高时促进植物开花结实（Corbesier et al.，2002）。研究发现，荔枝、莲雾、龙眼的碳氮比在花芽创始期间有明显的增加（吴志祥等，2006；吴定尧等，2000），而龙眼催花的研究显示，花芽创始期碳氮比增加并不显著（Sritontip et al.，2008；Matsumoto et al.，2007）。尽管后来的一些研究结果与之并不一致，但很多开花现象都可以用碳氮比学说解释（孟繁静，2000）。我们的研究表明，胡杨异形叶 C/N 与每枝花芽数呈显著负相关，说明胡杨异形叶 C/N 低时有利于每枝花芽数的增加，该结果与碳氮比学说的观点不一致，但与我们得到的 N 含量增加促进每枝花芽数增加的结论是一致的。灰杨异形叶、当年生茎的 C/N 与每枝花芽数分别呈极显著、显著正相关，说明灰杨异形叶、当年生茎的 C/N 高时有利于每枝花芽数的增加，这一结论与碳氮比学说的观点是一致的。

比较发现，胡杨、灰杨异形叶和当年生茎养分含量在生殖生长中的调节作用是不同的。胡杨茎叶的 N、P 和有机碳含量及异形叶的 C/N 参与生殖生长过程每枝花芽数的数量调控，而灰杨茎叶的 N、P、K 和有机碳含量及 C/N 均参与每枝花芽数的数量调控。

**主要参考文献**

曹均, 吴姬, 赵小蓉, 等. 2009. 京东板栗叶片主要矿质营养元素含量及其变化特征. 华北农学报, 24(z1): 205-207.
程徐冰, 韩士杰, 张忠辉, 等. 2011. 蒙古栎不同冠层部位叶片养分动态. 应用生态学报, 22(9): 2272-2278.
冯梅, 黄文娟, 李志军. 2014. 胡杨叶形变化与叶片养分间的关系. 生态学杂志, 33(6): 1467-1473.

冯美利, 李杰, 孙程旭, 等. 2012. 不同树龄油棕营养元素含量及其年变化研究. 热带农业科学, 32(10): 6-9.

何永群, 龙淑珍, 李志, 等. 2010. 荔枝营养生长与生殖生长的营养特点及配方施肥研究. 广西农业科学, 41(5): 452-455.

李靖, 马永禄, 罗杰, 等. 2013. 黄土丘陵沟壑区不同林龄刺槐林养分特征与生物量研究. 西北林学院学报, 28(3): 7-12.

李艳, 马子龙, 王必尊, 等. 2008. 油棕不同叶序五种营养元素含量的测定及变化规律研究. 中国油料作物学报, 30(4): 464-468.

刘波, 王力华, 阴黎明, 等. 2010. 两种林龄文冠果叶N、P、K的季节变化及再吸收特征. 生态学杂志, 29(7): 1270-1276.

罗在柒, 刘兰, 李文刚, 等. 2011. 贵州苏铁植株体内矿质养分含量特征分析. 北方园艺, (15): 107-110.

孟繁静. 2000. 植物花发育的分子生物学. 北京: 中国农业出版社.

齐红岩, 郝敬虹, 王昊翔. 2008. 薄皮甜瓜花芽分化期叶片矿质元素含量和 C/N 的分析. 沈阳农业大学学报, 39(5): 530-533.

沈德绪, 李载龙, 郑淑群, 等. 1982. 梨杂种实生苗生长量与童期相关问题的研究. 园艺学报, 9(4): 27-32.

史军辉, 王新英, 刘茂秀, 等. 2017. 不同林龄胡杨林叶片与土壤的化学计量特征. 干旱区研究, 34(4): 815-822.

吴定尧, 邱金淡, 张海岚, 等. 2000. 环割促进龙眼成花的研究. 中国农业科学, 33(6): 40-43.

吴志祥, 王令霞, 陶忠良, 等. 2006. 2 个荔枝品种花芽分化期碳氮营养的变化. 热带作物学报, 27(4): 25-28.

张谷雄, 陈建平, 邓光宙, 等. 1990. 柑桔砧木实生苗的童期和童程研究. 中国柑桔, 19(2): 7-9.

朱建林, 郭景唐, 欧国菁. 1992. 油松树冠营养元素浓度空间变异的研究. 北京林业大学学报, (S5): 43-49.

Corbesier L, Bernier G, Périlleux C. 2002. C：N ratio increases in the phloem sap during floral transition of the long-day plants *Sinapis alba* and *Arabidopsis thaliana*. Plant and Cell Physiology, 43(6): 684-688.

Goldschmidt E E, Golomb A. 1982. The carbohydrate balance of alternate-bearing citrus trees and the significance of reserves for flowering and fruiting. Journal of the American Society for Horticultural Science, 107(2): 206-208.

Heuret P, Meredieu C, Coudurier T, et al. 2006. Ontogenetic trends in the morphological features of main stem annual shoots of *Pinus pinaster* (Pinaceae). American Journal of Botany, 93(11): 1577-1587.

Matsumoto T K, Tsumura T, Zee F. 2007. Exploring the mechanism of potassium chlorate-induced flowering in Dimocarpus longan. Acta Horticulturae, 738(738): 451-457.

Sritontip C, khaosumain Y, Changjeraja S, et al. 2008. Effects of light intensity and potassium chlorate on photosynthesis and flowering in 'Do' longan. Acta Horticulturae, 787: 285-288.

Zhao C M, Chen L T, Ma F, et al. 2008. Altitudinal differences in the leaf fitness of juvenile and mature alpine spruce trees (*Picea crassifolia*). Tree Physiology, 28(1): 133-141.

# 第8章　异形叶及当年生茎激素含量与个体发育阶段的关系

植物激素在调控植物生长发育过程中起着重要作用（段娜等，2015）。植物阶段转变过程中激素调控表现在两个层次，一个是花芽形态分化期间的激素调控（张衡锋等，2018；张波等，2017；付传明等，2014），另一个是阶段转变前后树体激素的调控，如成花植株与未成花植株的内源激素含量变化（鲁亚婷等，2012；何见等，2009），湖北海棠实生树赤霉素（$GA_3$）、吲哚乙酸（IAA）、脱落酸（ABA）和玉米核苷素（ZR）等内源激素含量及其平衡值的变化在植株高度上有一定的规律性，其沿杂种实生苗基干高度的分布趋势与其他一些生理生化指标参数沿高度的梯度分布几乎成平行的关系，且在童区（指树木未开花的树冠区域）玉米素（ZT）含量由根部沿茎干随高度增加呈降低的趋势，转变区形成一个峰值，成年区（指树木开花的树冠区域）ZT含量稳定（王艳霞，2001）。植物激素的作用方式、发生动态及与生长发育的关系是一个十分复杂的问题，从个体发育的整体角度探讨激素水平或激素平衡在植株生长转变过程成花能力中的调控作用显得尤为重要。

有研究报道，胡杨4个发育阶段异形叶碳水化合物、矿质养分含量随树龄及异形叶形态变化而变化（李加好等，2015a；冯梅等，2014），胡杨枝、叶和花芽形态数量变化也与个体发育阶段有关（李加好等，2015b）。第5~第7章的研究结果进一步表明，胡杨、灰杨异形叶及其着生枝的形态、碳水化合物和养分含量变化在不同的发育阶段及树冠高度上成一定的规律性，而且这些变化与花芽出现及花芽数量变化有关，反映出它们在胡杨、灰杨生殖生长阶段转变过程中的重要作用。李雁玲等（2017）的研究结果显示，胡杨叶片激素含量也随树龄及异形叶形态变化而变化。但是否与阶段转变有关尚未见研究报道。据此，我们推测，枝叶的激素含量变化及激素平衡调节可能与胡杨、灰杨调控个体发育过程成花能力有关，但有关这方面的研究目前是缺乏的。本研究选择生长在同一立地条件下不同发育阶段的胡杨、灰杨为研究对象，研究胡杨、灰杨异形叶及当年生茎激素含量随个体发育阶段及树冠垂直空间的变化规律，以及茎叶激素含量与茎叶形态和花芽数量间的相互关系，进一步揭示胡杨、灰杨茎叶形态、激素含量的协同变化在生殖生长中的调控作用。

## 8.1　研究方法

### 8.1.1　研究区概况

研究区概况同第2章"2.1.1　研究区概况"。

### 8.1.2　试验设计

胡杨、灰杨径阶划分方法同第2章"2.1.2　试验设计"。从胡杨2~18径阶各选取样株 3 株作为重复，样本数共计 27 个；从灰杨 2~20 径阶各选取样株 3 株作为重复，样本数共计 30 个。

### 8.1.3 采样方法

冠高测算、树冠层次划分方法同第 2 章 "2.1.4 异形叶和花空间分布调查"。于胡杨、灰杨叶片发育成熟时期，在样株树冠 5 个层次的中央位置，按东、南、西、北 4 个方位随机采集 4 个当年生茎，每株样株共采集 20 个。选取当年生茎的茎尖和从枝基部开始的第 4 节位叶为样品。

### 8.1.4 茎叶形态测定方法

统计胡杨、灰杨每枝叶片数和每枝花芽数，并用 MRS-9600TFU2 扫描仪和万深 LA-S 植物图像分析软件测量当年生茎形态指标参数（当年生茎长度和粗度）、花芽形态指标参数（花芽长度和宽度）及异形叶形态指标参数（叶片长度、叶片宽度、叶面积、叶柄长度、叶片周长），计算叶形指数。

### 8.1.5 茎叶内源激素含量测定方法

样品处理：树冠同一层次 4 个当年生茎的茎尖混合样为该树冠层次茎的测试样品，同一层次 4 个当年生茎基部开始的第 4 节位叶的混合样为该树冠层次叶的测试样品。分别称取 0.2g 左右的茎、叶混合样，用液氮速冻并放入 $-80^\circ C$ 的超低温冰箱中保存备用。

测定方法：采用酶联免疫吸附测定法测定 IAA、ZR、$GA_3$ 和 ABA 含量。该部分测试工作委托中国农业大学完成。

### 8.1.6 数据统计分析方法

树冠各层次茎、叶形态指标参数值：分别为树冠各层次 4 个当年生枝（东、南、西、北 4 个方位）及当年生枝基部开始的第 4 节位 4 个异形叶形态指标参数的平均值。

样株叶片形态指标参数值：为样株树冠 5 个层次当年生茎、异形叶形态指标参数值的平均值。

同一径阶当年生茎、异形叶形态指标参数值：为同一径阶内所有样株当年生茎、异形叶形态指标参数值的平均值。

同一径阶树冠各层次当年生茎、异形叶形态指标参数值：为同一径阶内所有样株树冠同一层次当年生茎、异形叶形态指标参数值的平均值。

树冠各层次当年生茎、异形叶激素含量指标参数值：为树冠各层次 4 个当年生茎（东、南、西、北 4 个方位）及从茎基部开始的第 4 节位叶激素含量指标参数值的平均值。

样株当年生茎、异形叶激素含量指标参数值：为样株树冠 5 个层次当年生茎、异形叶激素含量指标参数值的平均值。

同一径阶当年生茎、异形叶激素含量指标参数值：为同一径阶内所有样株当年生茎、异形叶激素含量指标参数值的平均值。

同一径阶树冠各层次当年生茎、异形叶激素含量指标参数值：为同一径阶内所有样株树冠同一层次当年生茎、异形叶激素含量指标参数值的平均值。

用 SPSS 17.0 软件对数据进行单因素方差分析，用 Pearson 相关系数检验各指标间的相关性。

## 8.2 异形叶内源激素含量及其比值随径阶和树冠层次的变化规律

### 8.2.1 胡杨异形叶内源激素含量及其比值随径阶和树冠层次的变化规律

#### 8.2.1.1 胡杨异形叶内源激素含量随径阶和树冠层次的变化规律

图 8-1 和图 8-2 显示，胡杨异形叶 $GA_3$ 含量随径阶增加呈减少的趋势，在 2 径阶树冠第 5 层 $GA_3$ 含量显著高于其他层（$P<0.05$）；异形叶 IAA 含量随径阶增加呈减少的趋势，在 10~18 径阶树冠第 1 层显著高于第 5 层（$P<0.05$）；异形叶 ZR 含量在 2~6 径阶随径阶增加呈增加的趋势，其余径阶 ZR 含量与 2 径阶差异不显著，在 6 径阶树冠第 1 层 ZR 含量与其他层之间差异显著；ABA 含量在径阶间差异不显著，但在 10 径阶、14 径阶树冠的不同层次间存在显著差异。结果表明，胡杨异形叶 4 种内源激素含量随径阶和树冠层次变化的特点有所不同。

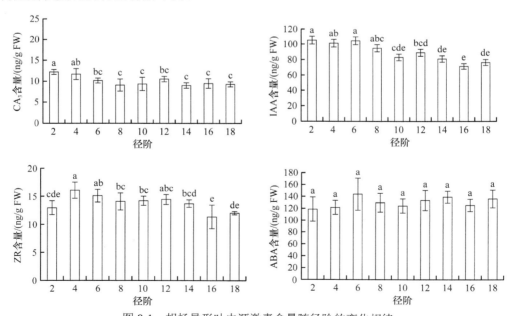

图 8-1 胡杨异形叶内源激素含量随径阶的变化规律

各小图柱子上方不含有相同小写字母代表不同径阶间差异显著（$P<0.05$），本章下同

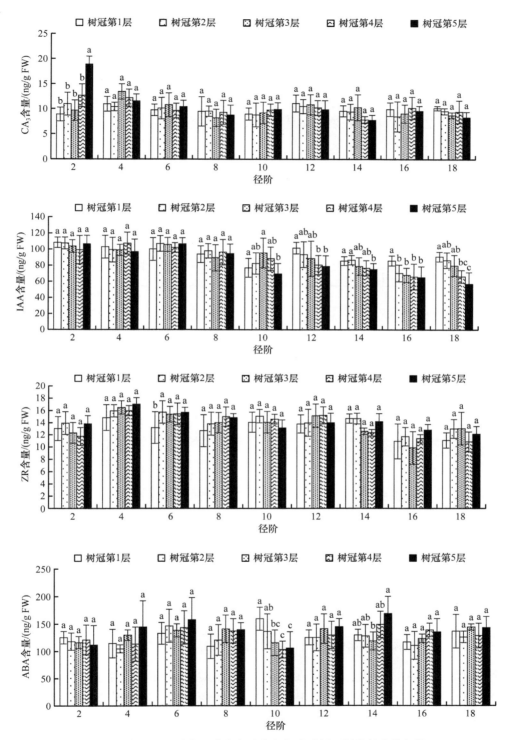

图 8-2 胡杨异形叶内源激素含量在各径阶随树冠层次的变化规律

各小图每组柱子上方不含有相同小写字母代表同一径阶树冠不同层次间差异显著（$P<0.05$），本章下同

### 8.2.1.2 胡杨异形叶内源激素比值随径阶和树冠层次的变化规律

图 8-3 显示，胡杨异形叶 IAA/ABA 值随径阶增加呈减小的趋势，10 径阶是其显著降低的节点；GA$_3$/ABA 值随径阶增加呈减小的趋势；GA$_3$/IAA 值随径阶增加呈现先减小后增大的趋势，在 8 径阶达到最低值；ZR/IAA 值随径阶增加呈增大的趋势，10 径阶是其显著增大的节点；ZR/GA$_3$ 值随径阶增加呈先增大后减小的趋势；4~18 径阶 ZR/ABA 值与 2 径阶相比均无显著差异。

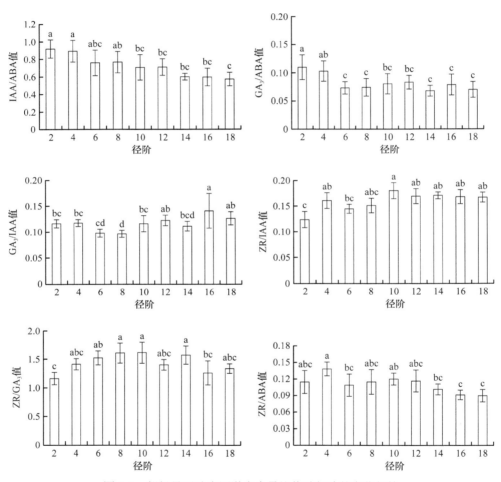

图 8-3 胡杨异形叶内源激素含量比值随径阶的变化规律

图 8-4 显示，在树冠垂直空间，胡杨异形叶 IAA/ABA 值在 10 径阶、14 径阶、18 径阶的不同冠层间有显著差异（$P<0.05$）；GA$_3$/ABA 值在 2 径阶随树冠层次增加呈增大的趋势，在 14 径阶则随树冠层次增加呈减小的趋势，其余径阶各冠层间无显著差异；GA$_3$/IAA 值在 2 径阶、10 径阶随树冠层次增加呈增大趋势，其余径阶各冠层间无显著差异；ZR/IAA 值在 4 径阶、6 径阶、12 径阶和 18 径阶随树冠层次增加呈增大的趋势，第 5 层或第 4 层与第 1 层 ZR/IAA 值差异显著（$P<0.05$）；ZR/GA$_3$ 值仅在 2 径阶随树冠层

次增加呈减小的趋势，第 5 层与第 1 层 ZR/GA$_3$ 值差异显著（$P<0.05$）。胡杨异形叶 4 种内源激素比值表现出随径阶和树冠层次变化而变化的特点。

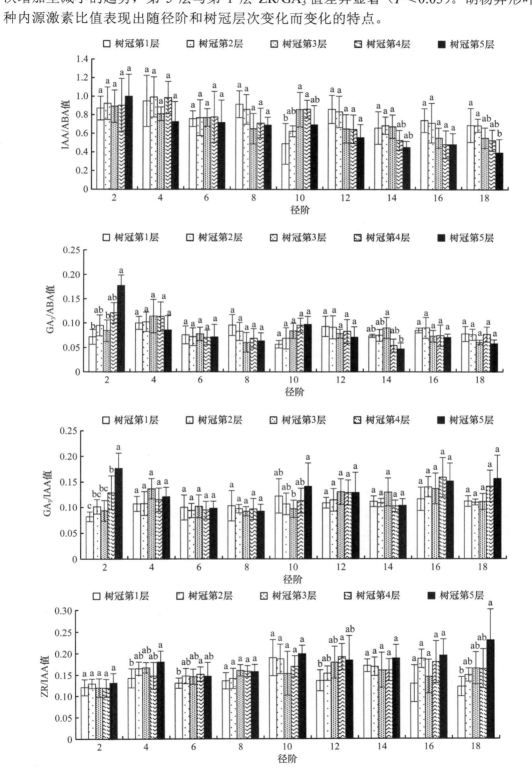

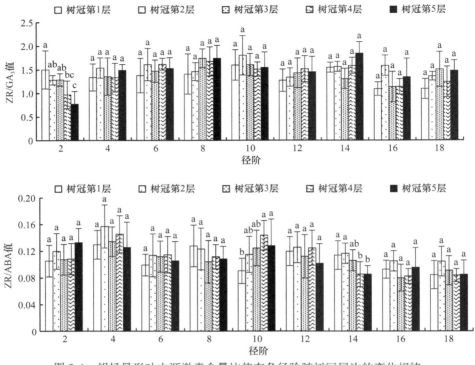

图 8-4 胡杨异形叶内源激素含量比值在各径阶随树冠层次的变化规律

## 8.2.2 灰杨异形叶内源激素含量及其比值随径阶和树冠层次的变化规律

### 8.2.2.1 灰杨异形叶内源激素含量随径阶和树冠层次的变化规律

图 8-5 和图 8-6 显示,灰杨异形叶 $GA_3$ 含量整体上随径阶增加呈减少的趋势,在 2 径阶树冠第 1 层与其他层之间存在显著差异,16 径阶树冠第 2 层 $GA_3$ 含量与第 3 层、第 5 层存在显著差异;IAA 含量随径阶增加呈增加的趋势,18 径阶树冠第 3 层 IAA 含量显著低于树冠其他层,20 径阶树冠第 1 层 IAA 含量与第 5 层差异显著($P<0.05$);ZR 含量在 16 径阶与其他径阶间存在显著差异,在同一径阶树冠的不同层次间均无显著差异;ABA 含量随径阶增加呈增加的趋势,在 6 径阶、18 径阶树冠第 3 层,ABA 含量显著低于树冠其他层($P<0.05$)。

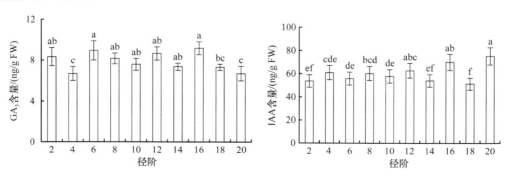

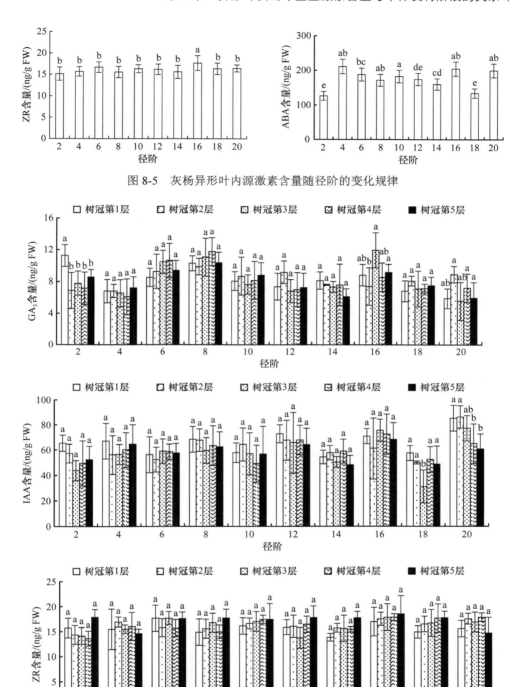

图 8-5 灰杨异形叶内源激素含量随径阶的变化规律

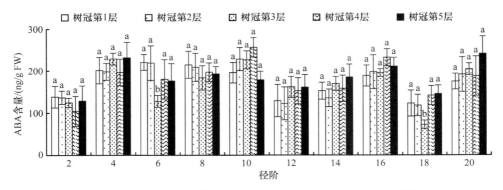

图 8-6　灰杨异形叶内源激素含量在各径阶随树冠层次的变化规律

## 8.2.2.2　灰杨异形叶内源激素比值随径阶和树冠层次的变化规律

图 8-7 和图 8-8 显示，灰杨异形叶 IAA/ABA 值随径阶增加呈先减小后增大再减小的趋势，在 12 径阶、18 径阶、20 径阶随树冠层次增加呈减小的趋势，在 6 径阶随树冠层次增加呈先增大后减小的趋势，在 10 径阶随树冠层次增加呈先减小后增大的趋势；$GA_3$/ABA 值、

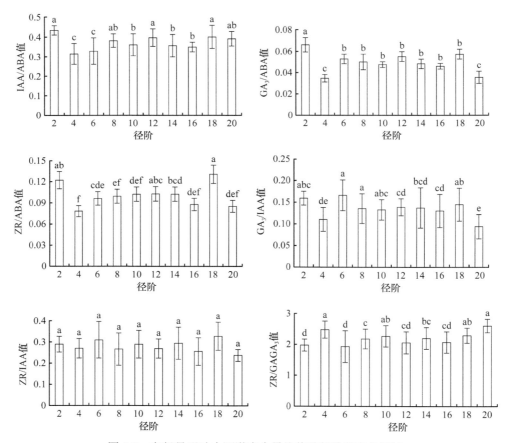

图 8-7　灰杨异形叶内源激素含量比值随径阶的变化规律

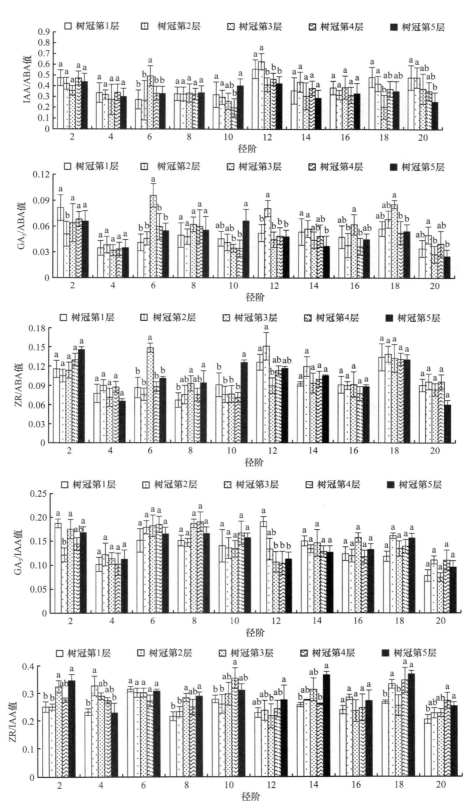

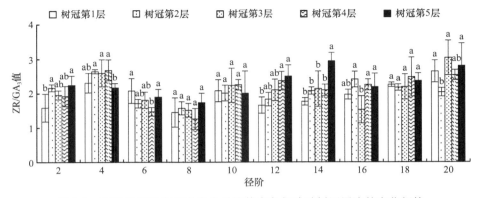

图 8-8　灰杨异形叶内源激素含量比值在各径阶随树冠层次的变化规律

ZR/ABA 值、$GA_3$/IAA 值随径阶增加的变化规律一致，均是在 4 径阶显著减小（$P<0.05$），在 4~20 径阶呈现先增大后减小的趋势，20 径阶与 4 径阶差异不显著；ZR/IAA 值在各径阶间差异不显著；ZR/$GA_3$ 值随径阶增加呈增大的趋势。各内源激素比值在树冠垂直空间的变化规律性不强，不同内源激素比值的变化规律也不一致。

## 8.3　当年生茎内源激素含量及其比值随径阶和树冠层次的变化规律

### 8.3.1　胡杨当年生茎内源激素含量及其比值随径阶和树冠层次的变化规律

#### 8.3.1.1　胡杨当年生茎内源激素含量随径阶和树冠层次的变化规律

图 8-9 和图 8-10 显示，胡杨当年生茎 $GA_3$ 含量随径阶增加呈减少趋势，在 14 径阶随树冠层次增加呈增加趋势，树冠第 5 层与第 1 层 $GA_3$ 含量差异显著（$P<0.05$）；IAA 含量

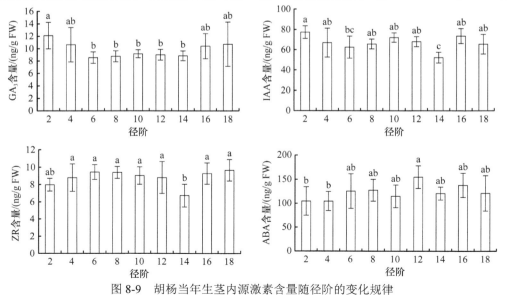

图 8-9　胡杨当年生茎内源激素含量随径阶的变化规律

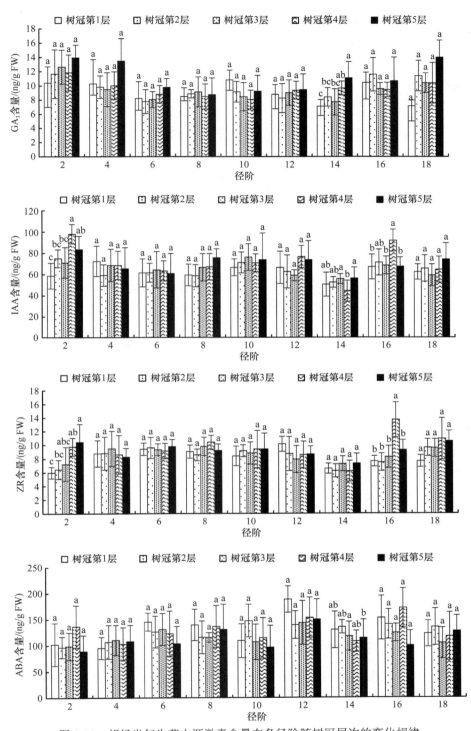

图 8-10 胡杨当年生茎内源激素含量在各径阶随树冠层次的变化规律

随径阶增加呈先减少后增加趋势,在 2 径阶随树冠层次增加呈增加的趋势,在 14 径阶随树冠层次增加呈先减少后增加的趋势,在 16 径阶随树冠层次增加呈先增加后减少的趋势;

ZR 含量 4~18 径阶与 2 径阶间均无显著差异,在 2 径阶 ZR 含量呈增加的趋势,在 16 径阶 ZR 含量随树冠层次增加呈先增加后减少的趋势,树冠第 5 层或第 4 层与第 1 层 ZR 含量差异显著($P<0.05$);ABA 含量随径阶增加呈增加的趋势,除了 14 径阶,其余径阶树冠各层次间 ABA 含量差异不显著,在 14 径阶随树冠层次增加呈减少的趋势,树冠第 3 层与第 5 层 ABA 含量差异显著。

### 8.3.1.2 胡杨当年生茎内源激素比值随径阶和树冠层次的变化规律

图 8-11 和图 8-12 显示,胡杨当年生茎 IAA/ABA 值随径阶增加呈减小的趋势,在 18 径阶 IAA/ABA 值随树冠层次增加呈增大的趋势,树冠第 5 层与第 1 层差异显著($P<0.05$);$GA_3$/ABA 值随径阶增加呈减小趋势,在 14 径阶、18 径阶 $GA_3$/ABA 值随树冠层次增加呈增大趋势,树冠第 5 层与第 1 层 $GA_3$/ABA 值差异显著($P<0.05$),16 径阶树冠第 4 层 $GA_3$/ABA 值与第 5 层差异显著;$GA_3$/IAA 值在 2 径阶与其余径阶间无显著差异,在 4 径阶、14 径阶 $GA_3$/IAA 值随树冠层次增加呈增大的趋势,其中 4 径阶树冠第 5 层 $GA_3$/IAA 值与第 1 层差异显著,14 径阶树冠第 4 层与第 1 层 $GA_3$/IAA 值差异显著($P<0.05$);ZR/IAA 值随径阶增加呈增大的趋势,在 18 径阶随树冠层次增加呈增大的趋势,树冠第 4 层与第 1

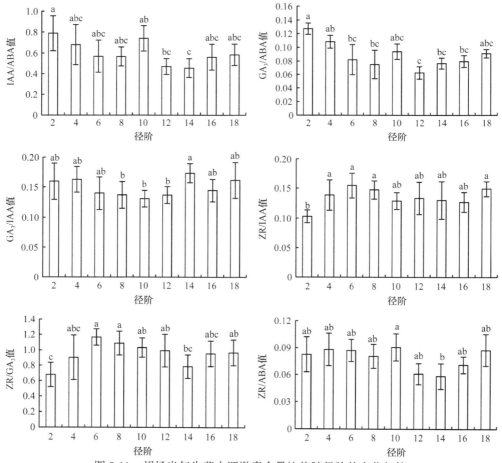

图 8-11 胡杨当年生茎内源激素含量比值随径阶的变化规律

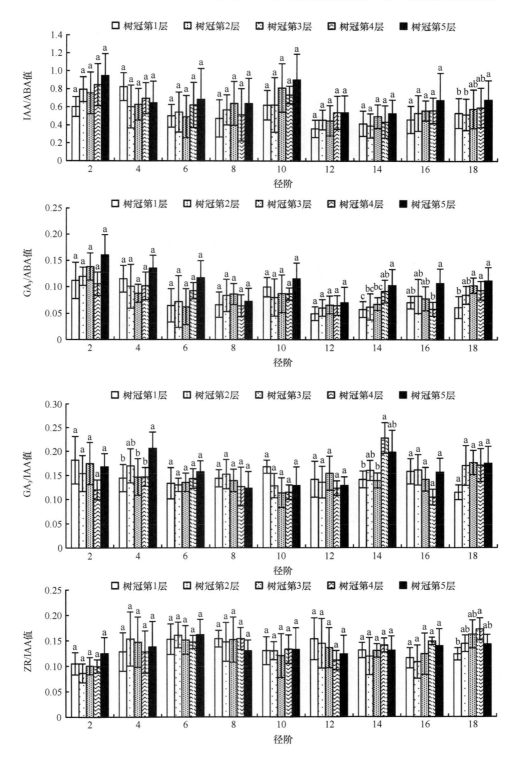

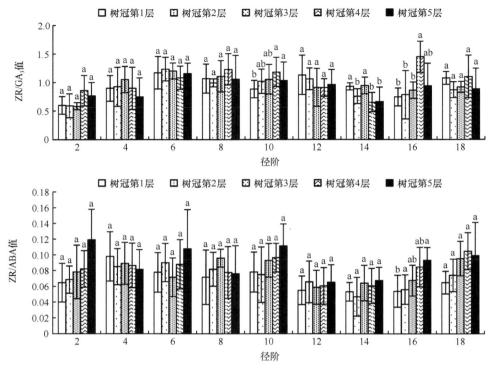

图 8-12 胡杨当年生茎内源激素含量比值在各径阶随树冠层次的变化规律

层 ZR/IAA 值差异显著（$P<0.05$）；ZR/GA$_3$ 值随径阶增加呈增大趋势，在 10 径阶、16 径阶 ZR/GA$_3$ 值随树冠层次增加呈增大的趋势，其中 10 径阶树冠第 1 层与第 4 层和第 5 层 ZR/GA$_3$ 值差异显著，16 径阶树冠第 1 层与第 4 层 ZR/GA$_3$ 值差异显著，在 14 径阶 ZR/GA$_3$ 值随树冠层次增加呈减小的趋势，树冠第 1 层 ZR/GA$_3$ 值与第 5 层差异显著；ZR/ABA 值在 2 径阶与其余径阶无显著差异，在 16 径阶 ZR/ABA 值随树冠层次增加呈增大的趋势，树冠第 5 层与第 1 层 ZR/ABA 值差异显著（$P<0.05$）。

### 8.3.2 灰杨当年生茎内源激素含量及其比值随径阶和树冠层次的变化规律

#### 8.3.2.1 灰杨当年生茎内源激素含量随径阶和树冠层次的变化规律

图 8-13 和图 8-14 显示，灰杨当年生茎 GA$_3$ 含量随径阶增加呈先增加后减少的趋势，

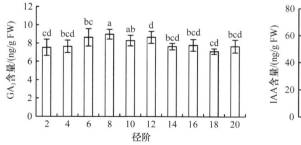
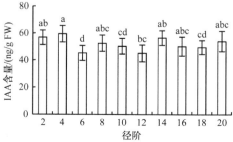

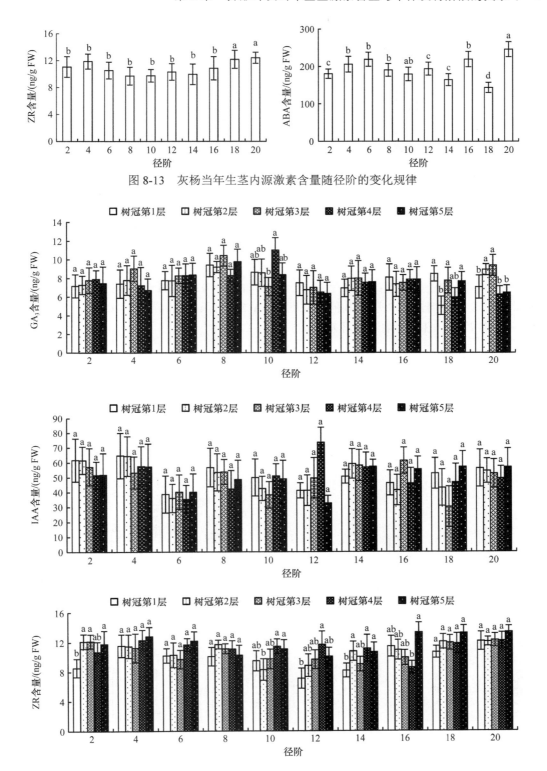

图 8-13 灰杨当年生茎内源激素含量随径阶的变化规律

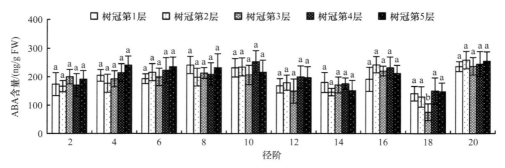

图 8-14　灰杨当年生茎内源激素含量在各径阶随树冠层次的变化规律

在 10 径阶、18 径阶随树冠层次增加呈先减少再增加的趋势，在 20 径阶随树冠层次增加呈先增加再减少的趋势；IAA 含量随径阶增加的变化趋势不明显，各径阶树冠的不同层次间均无显著差异；ZR 含量随径阶增加呈增加的趋势，在 10～14 径阶随树冠层次增加呈增加的趋势，16 径阶随树冠层次增加呈先减少后增加的趋势；ABA 含量随径阶增加呈增加的趋势，在 18 径阶树冠第 3 层与其他冠层间 ABA 含量有显著差异（$P<0.05$），其余各径阶树冠不同层次间 ABA 含量无显著差异。

#### 8.3.2.2　灰杨当年生茎内源激素比值随径阶和树冠层次的变化规律

图 8-15 和图 8-16 显示，灰杨当年生茎 IAA/ABA 值随径阶增加呈减小的趋势，除 6～10 径阶、20 径阶以外的其余径阶，树冠层次间 IAA/ABA 值存在显著差异（$P<0.05$）；$GA_3$/ABA 值随径阶增加呈减小的趋势，在 12 径阶、14 径阶、18 径阶树冠层次间 $GA_3$/ABA 值存在显著差异（$P<0.05$）；$GA_3$/IAA 值随径阶增加呈先增大后减小的趋势；ZR/IAA 值

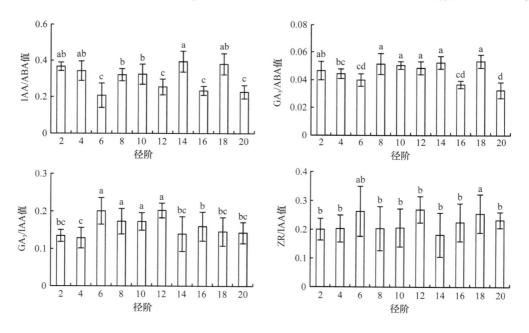

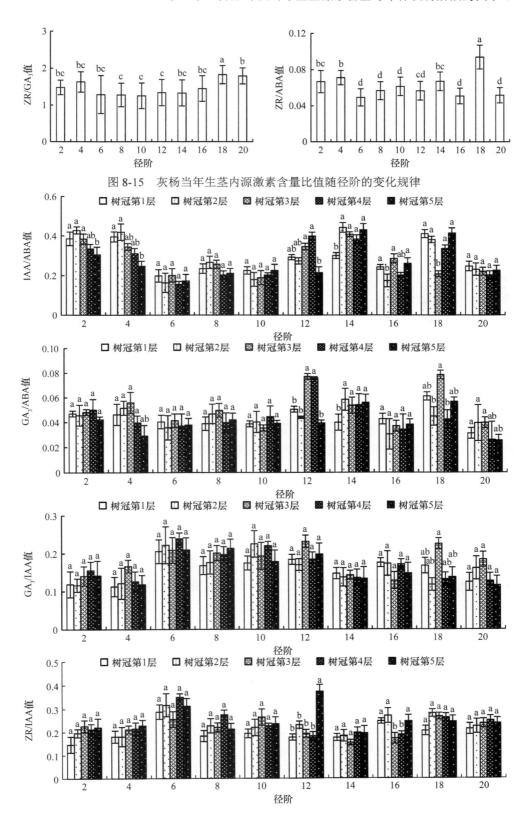

图 8-15　灰杨当年生茎内源激素含量比值随径阶的变化规律

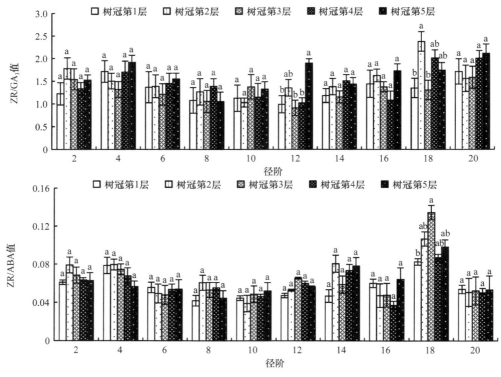

图 8-16　灰杨当年生茎内源激素含量比值在各径阶随树冠层次的变化规律

随径阶增加呈波浪形增大的趋势，在 12 径阶、16 径阶树冠层次间 ZR/IAA 值存在显著差异（$P<0.05$）；ZR/GA$_3$ 值随径阶增加呈先减小后增大的趋势，在 18 径阶树冠层次间 ZR/GA$_3$ 值存在显著差异（$P<0.05$）；ZR/ABA 值在 2~16 径阶随径阶增加呈先减小后增大再减小的趋势，在 18 径阶树冠层次间 ZR/ABA 值存在显著差异（$P<0.05$）。

## 8.4　茎叶内源激素含量及其比值与胸径和冠高的相关性

### 8.4.1　胡杨茎叶内源激素含量及其比值与胸径和冠高的相关性

表 8-1 显示，胡杨异形叶 GA$_3$ 含量、IAA 含量、ZR 含量、IAA/ABA 值、GA$_3$/ABA 值、ZR/ABA 值与胸径和冠高均呈极显著负相关（$P<0.01$），ZR/IAA 值与胸径和冠高呈极

表8-1　胡杨异形叶内源激素含量及其比值与胸径和冠高的Pearson相关系数（$n=42$）

| 指标 | GA$_3$含量 | IAA含量 | ZR含量 | ABA含量 | IAA/ABA值 | GA$_3$/ABA值 | ZR/ABA值 | GA$_3$/IAA值 | ZR/IAA值 | ZR/GA$_3$值 |
|---|---|---|---|---|---|---|---|---|---|---|
| 胸径 | −0.54** | −0.75** | −0.55** | 0.16 | −0.70** | −0.45** | −0.49** | 0.35* | 0.38** | 0.02 |
| 冠高 | −0.66** | −0.74** | −0.48** | 0.17 | −0.66** | −0.55** | −0.46** | 0.20 | 0.40** | 0.17 |

\*表示差异显著（$P<0.05$）；\*\*表示差异极显著（$P<0.01$），本章下同

显著正相关（$P<0.01$），$GA_3/IAA$ 值仅与胸径呈显著正相关（$P<0.05$）。结果表明，胡杨异形叶 $GA_3$ 含量、IAA 含量、ZR 含量、IAA/ABA 值、$GA_3$/ABA 值、ZR/ABA 值、ZR/IAA 值、$GA_3$/IAA 值与胡杨个体发育阶段密切相关。胡杨异形叶 ABA 含量与胸径和冠高无显著相关，但它与 $GA_3$、IAA 和 ZR 含量的比值却与胸径和冠高存在极显著相关关系，表明胡杨异形叶 ABA 含量与胡杨个体发育阶段也存在一定关系。

表 8-2 显示，胡杨当年生茎 IAA/ABA 值、$GA_3$/ABA 值与胸径和冠高呈显著/极显著负相关，当年生茎 ABA 含量与冠高呈显著正相关（$P<0.05$）。结果表明，胡杨当年生茎 ABA 含量、IAA/ABA 值、$GA_3$/ABA 值与胡杨个体发育阶段密切相关。

表8-2 胡杨当年生茎内源激素含量及其比值与胸径和冠高的Pearson相关系数（$n=42$）

| 指标 | $GA_3$含量 | IAA含量 | ZR含量 | ABA含量 | IAA/ABA值 | $GA_3$/ABA值 | ZR/ABA值 | $GA_3$/IAA值 | ZR/IAA值 | ZR/$GA_3$值 |
|---|---|---|---|---|---|---|---|---|---|---|
| 胸径 | −0.09 | −0.12 | 0.03 | 0.26 | −0.29* | −0.32* | −0.23 | −0.09 | 0.06 | 0.31 |
| 冠高 | −0.27 | −0.21 | 0.23 | 0.38* | −0.39** | −0.49** | −0.21 | −0.12 | 0.29 | 0.30 |

### 8.4.2 灰杨茎叶内源激素含量及其比值与胸径和冠高的相关性

表 8-3 显示，灰杨异形叶 $GA_3$ 含量与冠高呈极显著负相关（$P<0.01$），$GA_3$/IAA 值与胸径和冠高分别呈显著/极显著负相关，ZR/$GA_3$ 值与冠高呈极显著正相关（$P<0.01$）。结果表明，灰杨异形叶的 $GA_3$ 含量、$GA_3$/IAA 值和 ZR/$GA_3$ 值与灰杨个体发育阶段密切相关。

表8-3 灰杨异形叶内源激素含量及其比值与胸径和冠高的Pearson相关系数（$n=42$）

| 指标 | $GA_3$含量 | IAA含量 | ZR含量 | ABA含量 | IAA/ABA值 | $GA_3$/ABA值 | ZR/ABA值 | $GA_3$/IAA值 | ZR/IAA值 | ZR/$GA_3$值 |
|---|---|---|---|---|---|---|---|---|---|---|
| 胸径 | −0.14 | 0.25 | 0.24 | 0.03 | 0.06 | −0.18 | 0.02 | −0.31* | −0.09 | 0.22 |
| 冠高 | −0.51** | −0.11 | −0.11 | −0.1 | 0.08 | −0.29 | 0.15 | −0.49** | 0.05 | 0.54** |

表 8-4 显示，灰杨当年生茎 ZR/$GA_3$ 值与胸径和冠高呈极显著/显著正相关；当年生茎 IAA/ABA 值、ZR/ABA 值、$GA_3$/IAA 值与冠高呈显著正相关（$P<0.05$）；而当年生茎 $GA_3$ 含量、ABA 含量与冠高呈极显著/显著负相关。由此说明，灰杨当年生茎 $GA_3$ 含量、ABA 含量、IAA/ABA 值、ZR/ABA 值、$GA_3$/IAA 值和 ZR/$GA_3$ 值与灰杨个体发育阶段密切相关。

表8-4 灰杨当年生茎内源激素含量及其比值与胸径和冠高的Pearson相关系数（$n=42$）

| 指标 | $GA_3$含量 | IAA含量 | ZR含量 | ABA含量 | IAA/ABA值 | $GA_3$/ABA值 | ZR/ABA值 | $GA_3$/IAA值 | ZR/IAA值 | ZR/$GA_3$值 |
|---|---|---|---|---|---|---|---|---|---|---|
| 胸径 | −0.14 | −0.06 | 0.17 | −0.02 | −0.02 | −0.06 | 0.11 | −0.11 | 0.08 | 0.33** |
| 冠高 | −0.39** | −0.05 | −0.22 | −0.33* | 0.36* | 0.16 | 0.34* | 0.33* | −0.14 | 0.34* |

## 8.5 茎叶内源激素含量与茎叶形态指标的相关性

### 8.5.1 胡杨茎叶内源激素含量与茎叶形态指标的相关性

表 8-5 显示，异形叶 $GA_3$ 含量、IAA 含量、ZR 含量、IAA/ABA 值、$GA_3$/ABA 值、ZR/ABA 值与 6 个叶形态指标参数均存在显著或极显著正/负相关关系；异形叶 ABA 含量与叶片宽度和叶片长度呈显著正/负相关；异形叶 ZR/IAA 值与叶形指数和叶柄长度呈极显著正/负相关，与叶片宽度呈显著正相关（$P<0.05$）；异形叶 $GA_3$/IAA 值与叶片宽度呈显著正相关（$P<0.05$），异形叶 ZR/$GA_3$ 值与叶片宽度呈显著负相关（$P<0.05$）。结果表明，叶形指数和叶柄长度与异形叶 $GA_3$ 含量、IAA 含量、ZR 含量、IAA/ABA 值、$GA_3$/ABA 值、ZR/ABA 值、ZR/IAA 值密切相关，而叶面积和叶片周长与异形叶 $GA_3$ 含量、IAA 含量、ZR 含量、IAA/ABA 值、$GA_3$/ABA 值、ZR/ABA 值密切相关。

表 8-5　胡杨异形叶内源激素含量及其比值与叶形态指标的 Pearson 相关系数（$n=42$）

| 指标 | $GA_3$含量 | IAA含量 | ZR含量 | ABA含量 | IAA/ABA值 | $GA_3$/ABA值 | ZR/ABA值 | $GA_3$/IAA值 | ZR/IAA值 | ZR/$GA_3$值 |
|---|---|---|---|---|---|---|---|---|---|---|
| 叶形指数 | 0.58** | 0.64** | 0.33* | −0.18 | 0.61** | 0.52** | 0.38* | −0.15 | −0.42** | −0.24 |
| 叶片长度 | 0.24* | 0.35** | 0.39** | −0.25* | 0.42** | 0.31** | 0.42** | −0.15 | −0.13 | 0.05 |
| 叶片宽度 | −0.39** | −0.62** | −0.63** | 0.24* | −0.56** | −0.40** | −0.57** | 0.27* | 0.23* | −0.23* |
| 叶面积 | −0.56** | −0.54** | −0.35* | 0.10 | −0.51** | −0.49** | −0.35* | 0.04 | 0.27 | 0.21 |
| 叶片周长 | −0.39** | −0.55** | −0.41** | 0.07 | −0.49** | −0.34* | −0.35* | 0.22 | 0.26 | 0.03 |
| 叶柄长度 | −0.49** | −0.69** | −0.36* | 0.19 | −0.64** | −0.47** | −0.40** | 0.30 | 0.44** | 0.11 |

表 8-6 显示，当年生茎 $GA_3$/ABA 值与当年生茎长度和每枝叶片数呈显著/极显著正相关。说明当年生茎长度和每枝叶片数与当年生茎 $GA_3$/ABA 值密切相关。

表 8-6　胡杨当年生茎内源激素含量及其比值与茎形态指标的 Pearson 相关系数（$n=42$）

| 指标 | $GA_3$含量 | IAA含量 | ZR含量 | ABA含量 | IAA/ABA值 | $GA_3$/ABA值 | ZR/ABA值 | $GA_3$/IAA值 | ZR/IAA值 | ZR/$GA_3$值 |
|---|---|---|---|---|---|---|---|---|---|---|
| 当年生茎长度 | 0.12 | 0.10 | −0.06 | −0.28 | 0.24 | 0.31* | 0.20 | 0.03 | −0.06 | −0.06 |
| 当年生茎粗度 | 0.01 | −0.09 | −0.00 | 0.27 | −0.28 | −0.25 | −0.27 | 0.11 | 0.01 | −0.08 |
| 每枝叶片数 | 0.29 | 0.09 | −0.12 | −0.29 | 0.26 | 0.41** | 0.17 | 0.21 | −0.13 | −0.22 |

## 8.5.2 灰杨茎叶内源激素含量与茎叶形态指标的相关性

表 8-7 显示，灰杨异形叶 IAA 含量与叶片长度呈显著负相关，GA₃/IAA 值与叶片长度呈显著正相关，表明叶片长度与异形叶 IAA 含量及 GA₃/IAA 值密切相关。

**表8-7** 灰杨异形叶内源激素含量及其比值与叶形态指标的Pearson相关系数（$n=42$）

| 指标 | GA₃含量 | IAA含量 | ZR含量 | ABA含量 | IAA/ABA值 | GA₃/ABA值 | ZR/ABA值 | GA₃/IAA值 | ZR/IAA值 | ZR/GA₃值 |
|---|---|---|---|---|---|---|---|---|---|---|
| 叶片周长 | -0.13 | -0.12 | 0.03 | 0.05 | -0.17 | -0.17 | -0.07 | 0 | 0.14 | 0.08 |
| 叶片长度 | 0.11 | -0.34* | -0.16 | 0.04 | -0.17 | 0.10 | -0.05 | 0.33* | 0.20 | -0.17 |
| 叶片宽度 | -0.17 | 0.07 | 0.14 | 0.01 | -0.04 | -0.18 | 0.01 | -0.17 | 0.05 | 0.18 |
| 叶形指数 | -0.04 | 0.06 | -0.06 | -0.02 | 0.02 | -0.06 | -0.05 | -0.10 | -0.11 | -0.02 |
| 叶面积 | -0.12 | -0.12 | 0.05 | 0.08 | -0.20 | -0.19 | -0.09 | -0.01 | 0.14 | 0.08 |
| 叶柄长度 | -0.13 | -0.04 | 0.07 | 0.13 | -0.22 | -0.27 | -0.16 | 0.04 | 0.12 | 0.10 |

表 8-8 显示，灰杨当年生茎 ZR/IAA 值、ZR/GA₃ 值与每枝叶片数呈极显著/显著负相关，说明每枝叶片数与当年生茎 ZR/IAA 值、ZR/GA₃ 值密切相关。

**表8-8** 灰杨当年生茎内源激素含量及其比值与茎形态指标的Pearson相关系数（$n=42$）

| 指标 | GA₃含量 | IAA含量 | ZR含量 | ABA含量 | IAA/ABA值 | GA₃/ABA值 | ZR/ABA值 | GA₃/IAA值 | ZR/IAA值 | ZR/GA₃值 |
|---|---|---|---|---|---|---|---|---|---|---|
| 当年生茎长度 | -0.18 | -0.24 | -0.12 | 0.13 | -0.23 | -0.21 | -0.25 | 0.15 | 0.23 | 0.09 |
| 当年生茎粗度 | -0.01 | -0.20 | -0.03 | 0.09 | -0.16 | -0.12 | -0.12 | 0.15 | 0.08 | -0.06 |
| 每枝叶片数 | 0.04 | 0.27 | -0.20 | -0.10 | 0.25 | 0.19 | 0.04 | -0.18 | -0.40** | -0.30* |

## 8.6 每枝花芽数与茎叶内源激素含量及其比值的相关性

### 8.6.1 胡杨每枝花芽数与茎叶内源激素含量及其比值的相关性

表 8-9 显示，胡杨每枝花芽数与异形叶 ABA 含量、ZR/IAA 值和 ZR/GA₃ 值呈极显著/显著正相关，与异形叶 GA₃ 含量、IAA 含量、IAA/ABA 值、GA₃/ABA 值、ZR/ABA 值呈极

显著负相关（$P<0.01$），表明胡杨每枝花芽数与异形叶 ABA 含量、$GA_3$ 含量、IAA 含量、ZR/IAA 值、ZR/$GA_3$ 值、IAA/ABA 值、$GA_3$/ABA 值、ZR/ABA 值有密切关系。

表8-9 胡杨每枝花芽数与异形叶内源激素含量及其比值的Pearson相关系数（$n=42$）

| 指标 | $GA_3$含量 | IAA含量 | ABA含量 | ZR含量 | IAA/ABA 值 | $GA_3$/ABA 值 | $GA_3$/IAA 值 | ZR/IAA 值 | ZR/$GA_3$ 值 | ZR/ABA 值 |
|---|---|---|---|---|---|---|---|---|---|---|
| 每枝花芽数 | −0.50** | −0.45** | 0.32** | −0.15 | −0.56** | −0.55** | 0.04 | 0.39** | 0.24* | −0.34** |

表 8-10 显示，胡杨每枝花芽数与当年生茎 $GA_3$ 含量、IAA 含量、IAA/ABA 值、$GA_3$/ABA 值呈显著/极显著负相关，表明胡杨每枝花芽数与当年生茎 $GA_3$ 含量、IAA 含量、IAA/ABA 值、$GA_3$/ABA 值密切相关。

表8-10 胡杨每枝花芽数与当年生茎内源激素含量及其比值的Pearson相关系数（$n=42$）

| 指标 | $GA_3$含量 | IAA含量 | ABA含量 | ZR含量 | IAA/ABA 值 | $GA_3$/ABA 值 | $GA_3$/IAA 值 | ZR/IAA 值 | ZR/$GA_3$ 值 | ZR/ABA 值 |
|---|---|---|---|---|---|---|---|---|---|---|
| 每枝花芽数 | −0.24* | −0.25* | 0.19 | 0.04 | −0.26* | −0.31** | −0.11 | 0.20 | 0.18 | −0.07 |

### 8.6.2 灰杨每枝花芽数与茎叶内源激素含量及其比值的相关性

表 8-11 显示，灰杨每枝花芽数仅与异形叶 ZR/$GA_3$ 值呈显著正相关（$P<0.05$），说明灰杨异形叶 ZR/$GA_3$ 值对每枝花芽数的影响较大。

表8-11 灰杨每枝花芽数与异形叶内源激素含量及其比值的Pearson相关系数（$n=42$）

| 指标 | $GA_3$含量 | IAA含量 | ZR含量 | ABA含量 | IAA/ABA 值 | $GA_3$/ABA 值 | ZR/ABA 值 | $GA_3$/IAA 值 | ZR/IAA 值 | ZR/$GA_3$ 值 |
|---|---|---|---|---|---|---|---|---|---|---|
| 每枝花芽数 | −0.20 | 0.09 | 0.29 | 0.08 | −0.09 | −0.24 | −0.05 | −0.25 | 0.06 | 0.32* |

表 8-12 显示，灰杨每枝花芽数与当年生茎 ZR/$GA_3$ 值呈显著正相关，说明灰杨当年生茎 ZR/$GA_3$ 值对每枝花芽数的影响较大。由表 8-11 和表 8-12 可以看出，灰杨茎和叶 ZR/$GA_3$ 值与每枝花芽数的关系相一致。

表8-12 灰杨每枝花芽数与当年生茎内源激素含量及其比值的Pearson相关系数（$n=42$）

| 指标 | $GA_3$含量 | IAA含量 | ABA含量 | ZR含量 | IAA/ABA 值 | $GA_3$/ABA 值 | ZR/ABA 值 | $GA_3$/IAA 值 | ZR/IAA 值 | ZR/$GA_3$ 值 |
|---|---|---|---|---|---|---|---|---|---|---|
| 每枝花芽数 | −0.24 | 0.01 | 0.12 | −0.03 | 0.01 | −0.09 | 0.11 | −0.23 | 0.01 | 0.38* |

## 8.7 小结与讨论

### 8.7.1 异形叶及当年生茎内源激素含量随个体发育阶段的变化特点

李雁玲等（2017）对胡杨4个不同发育阶段异形叶内源激素含量的研究表明，异形叶激素含量随树龄和叶形态变化而变化。我们对胡杨、灰杨各发育阶段当年生茎及异形叶内源激素含量的研究表明，胡杨、灰杨茎叶的4种激素含量及其比值均随胸径和树冠层次的增加而变化。其中，胡杨异形叶 $GA_3$ 含量、IAA 含量、ZR 含量、IAA/ABA 值、$GA_3$/ABA 值、ZR/ABA 值、ZR/IAA 值，以及当年生茎 IAA/ABA 值、$GA_3$/ABA 值与胸径和冠高存在极显著/显著相关；灰杨异形叶 $GA_3$/IAA 值及当年生茎 ZR/$GA_3$ 值与胸径和冠高存在极显著/显著相关，说明胡杨、灰杨异形叶及当年生茎4种内源激素含量及其比值与植株发育阶段密切相关。

我们的研究还发现，胡杨、灰杨茎叶4种内源激素含量及其比值随个体发育阶段变化的同时，也随异形叶和当年生茎形态变化而变化。胡杨从条形叶（叶面积最小）为主的幼龄阶段逐渐过渡到以卵形叶、阔卵形叶（叶面积最大）为主的成年阶段，其异形叶 $GA_3$ 含量、IAA 含量和 ZR 含量及 IAA/ABA 值、$GA_3$/ABA 值和 ZR/ABA 值随径阶的增加逐渐减少/减小，它们的减少/减小与叶形指数减小、叶面积增大密切相关；异形叶 ZR/IAA 值随径阶的增加逐渐增大，它的增大与叶形指数减小密切相关；当年生茎 $GA_3$/ABA 值随径阶的增加逐渐减小，它的减小与当年生茎长度减小、每枝叶片数减少密切相关，而当年生茎 IAA/ABA 值的减小与叶形指数减小密切相关。分析认为，4种内源激素含量及其比值在当年生茎、异形叶形态随发育阶段变化中可能起到一定的调节作用。

灰杨异形叶 IAA 含量随径阶的增加逐渐增加，它的增加与叶片长度减小密切相关，叶片 $GA_3$/IAA 值随径阶的增加逐渐增大，它的增大与叶片长度增加密切相关；当年生茎 ZR/$GA_3$ 值随径阶的增加逐渐减小，它的减小与每枝叶片数减少密切相关。分析认为，4种内源激素含量及其比值在灰杨当年生茎、异形叶形态随发育阶段变化中起到一定的调节作用。

### 8.7.2 异形叶及当年生茎内源激素水平与植株阶段转变的关系

植物生长到一定阶段，在适宜的外部环境条件下，通过复杂的生理与形态结构变化，会逐渐转入生殖生长，形成花芽。在阶段转变过程中，植物内源激素对花芽分化起重要的调控作用，且这种调控作用是由多种激素综合调节的。一般认为，低浓度的赤霉素对花芽分化起抑制作用（张波等，2017），高含量的 ZR 能够促进花芽分化（李秉真等，1999），低的 IAA 含量（王玉华等，2002）或高的 IAA 含量（李天红等，1996）有利于花芽分化，ABA 在花芽分化的不同阶段可能有不同作用（阮勇凌等，1991），较高含量的 ABA 不利于花芽的形成（黄羌维，1996），或高的 ABA 含量对成花有促进作用（张波等，2017），如什锦丁香花芽成花枝条叶片中较低水平的 IAA 含量和 $GA_3$ 含量、较高水平的 ZR 含量和 ABA 含量有利于成花植株的花芽分化，表明花芽分化过程中成花枝条叶片激素水平对花芽分化有影响（那光宇等，2012）。

激素并不是孤立地对成花过程发生作用，它们之间存在相互促进和相互拮抗的作用，Luckwill（1974）首次提出了"激素平衡假说"，正是这种平衡状态，控制着核酸、蛋白质、可溶性糖和淀粉等物质的代谢，从而对植物的花芽分化和生长进行调控（段娜等，2015）。大量研究表明，IAA/ABA值、$GA_3$/ABA值、ZR/IAA值、ZR/$GA_3$值体现了植物内源激素间的动态变化，比值的升高有利于促进花芽分化，有利于花芽从营养生长向生殖生长转换（张衡锋等，2018；莫长明等，2015；冯枫和杨际双，2011）。

我们的研究结果表明，胡杨每枝花芽数与异形叶ABA含量、ZR/IAA值及ZR/$GA_3$值存在极显著/显著正相关，与异形叶$GA_3$含量、IAA含量、IAA/ABA值、$GA_3$/ABA值、ZR/ABA值呈极显著负相关，与当年生茎$GA_3$含量、IAA含量及IAA/ABA值、$GA_3$/ABA值呈显著/极显著负相关，说明胡杨异形叶ABA含量、ZR/IAA值、ZR/$GA_3$值增加/增大有利于每枝花芽数的增加，而异形叶$GA_3$含量、IAA含量、IAA/ABA值、$GA_3$/ABA值、ZR/ABA值，以及当年生茎$GA_3$含量、IAA含量及IAA/ABA值、$GA_3$/ABA值增加/增大不利于每枝花芽数的增加。灰杨每枝花芽数与异形叶和当年生茎ZR/$GA_3$值呈显著正相关，说明灰杨异形叶和当年生茎ZR/$GA_3$值增加有利于灰杨每枝花芽数的增加。分析认为，上述4种内源激素含量及其比值在当年生茎及异形叶中的变化对胡杨、灰杨成花能力有影响。

## 主要参考文献

段娜, 贾玉奎, 徐军, 等. 2015. 植物内源激素研究进展. 中国农学通报, 31(2): 159-165.

冯枫, 杨际双. 2011. 切花秋菊'神马'花芽分化与内源激素的关系. 中国农业科学, 44(3): 552.

冯梅, 黄文娟, 李志军. 2014. 胡杨叶形变化与叶片养分间的关系. 生态学杂志, 33(6): 1467-1473.

付传明, 黄宁珍, 李顺辉, 等. 2014. 南方丰水梨内源激素含量与生长发育的关系研究. 西南农业学报, 27(1): 276-279.

何见, 蒋丽娟, 李昌珠, 等. 2009. 光皮树花芽分化过程中内源激素含量变化的研究. 中国野生植物资源, 28(2): 41-45.

何奇江, 汪奎宏, 华锡奇, 等. 2005. 雷竹开花期内源激素、氨基酸和营养成分含量变化. 林业科学, 41(2): 169-173.

黄羌维. 1996. 植物生长调节剂对龙眼内源激素及花芽分化的影响. 云南植物研究, 8(2): 145-150.

金勇丰, 李载龙, 陈大明. 1998. 湖北海棠实生树阶段转变过程中多胺、RNA/DNA和蛋白质含量的变化. 浙江农业学报, 10(5): 264-267.

李秉真, 李雄, 孙庆林. 1999. 苹果梨花芽分化期内源激素在芽和叶中分布. 内蒙古大学学报(自然科学版), 36(6): 741-744.

李怀福, 胡小三. 2005. 山金柑实生苗童期的研究. 特产研究, 17(1): 23-25.

李加好, 刘帅飞, 李志军. 2015a. 胡杨枝、叶和花芽形态数量变化与个体发育阶段的关系. 生态学杂志, 34(4): 941-946.

李加好, 冯梅, 李志军. 2015b. 胡杨叶片碳水化合物及可溶性蛋白特征与叶形变化和个体发育阶段的关系. 植物研究, 35(4): 521-527.

李天红, 黄卫东, 孟昭清. 1996. 苹果花芽孕育机理的探讨. 植物生理学报, 22(3): 251-257.

李雁玲, 张肖, 冯梅, 等. 2017. 胡杨(*Populus euphratica*)异形叶叶片内源激素特征研究. 塔里木大学学报, 29(3): 7-13.

李载龙, 沈德绪, 郑淑群. 1981. 梨实生苗的童程、结果和遗传. 浙江农业大学学报, 7(3): 51-58.

鲁亚婷, 袁晓亮, 林新春, 等. 2012. 雷竹花芽形态分化过程中内源激素的变化规律. 浙江农林大学学报, 29(2): 161-165.

莫长明, 涂冬萍, 黄杰, 等. 2015. 罗汉果花芽分化过程中形态及其激素水平变化特征. 西北植物学报, 35(1): 98-106.

那光宇, 张姝媛, 郭娜, 等. 2012. 什锦丁香花芽分化过程中植物内源激素的变化. 内蒙古农业大学学报(自然科学版), 3(5-6): 58-61.

阮勇凌, 张上隆, 储可铭, 等. 1991. 温州蜜柑花芽分化期枝内细胞分裂素类型和脱落酸含量及其变化. 中国农业科学, 24(1): 55-59.

沈德绪, 李载龙, 郑淑群, 等. 1982. 梨杂种实生苗生长量与童期相关问题的研究. 园艺学报, 9(4): 27-32.

孙永华, 陈学森. 2005. 杏杂种实生树叶片童性的研究. 果树学报, 22(4): 327-330.

王定样. 1986. 梨实生树个体发育过程中蛋白质含量、过氧化物酶和多酚氧化酶同工酶的变化. 植物生理学报, 12(l): 40-47.

王艳霞. 2001. 湖北海棠阶段转变过程中内源激素的分析. 浙江大学硕士学位论文.

王玉华, 范崇辉, 沈向, 等. 2002. 大樱桃花芽分化期内源激素含量的变化. 西北农业学报, 11(1): 64-67.

许智宏, 薛红卫. 2012. 植物激素作用的分子机理. 上海: 上海科学技术出版社.

张波, 秦垦, 何昕孺, 等. 2017. 木本植物花芽分化研究进展. 湖北农业科学, 56(22): 4224-4226.

张衡锋, 韦庆翠, 汤庚国. 2018. 番红花花芽分化过程中内源激素和糖含量的变化. 云南农业大学学报(自然科学), 33(4): 684-689.

Luckwill L C. 1974. A new look at the process of fruit bud formation in apple. Proceedings of the XIX International Horticultural Congress, 3: 237-245.

# 第9章 异形叶展叶物候与个体发育阶段的关系

植物物候是指植物受生物因子和非生物因子（如气候、水文、土壤等）影响而出现的以年为周期的自然现象，它包括植物的发芽、展叶、开花、叶变色、落叶等现象，是植物长期适应每年季节性变化而形成的生长发育节律（陆佩玲等，2006）。各种植物的物候期均按一定的次序出现，前一个物候期来临的时间与后续出现的物候时间有密切关系，并且每年各物候期的出现都有其规律性（王连喜等，2010）。不同植物的物候期在同样的环境条件下反应各异（白洁等，2009；常兆丰等，2009），同种植物在相同环境中物候期相同，这都是由其自身的生物学特性（即遗传特性）所决定的（韩小梅和申双和，2008）。然而，同一种植物不同的品系，如杨属植物不同的杨树品种、无性系，即使在相同环境中各物候期也会存在很大差异（王德新等，2009；杨丽桃和侯琼，2008；祁如英等，2006；杨成生等，2006；李守勇等，2003）。关于气候变化对植物物候的影响，大量的研究工作集中在开花物候方面。近几十年来，研究者对植物展叶时间的研究兴趣日益增加（Forrest and Miller-Rushing，2010；Cleland et al.，2007）。研究发现，植物的展叶时间与气温紧密相关，而光周期对于一些植物而言也很重要（Körner and Basler，2010）。

胡杨从开花到种子成熟历时达 150 天，其中花期持续时间最短，果熟期持续时间最长（可达 141 天）（王世绩等，1995）。在新疆，胡杨每年 5 月下旬开始花芽分化，翌年 3 月上旬花芽分化成熟，并于当月下旬花芽萌动进入开花期，至 4 月中旬花期结束，7~8 月蒴果成熟（买尔燕古丽·阿不都热合曼等，2008；魏庆莒，1990）。胡杨为先花后叶风媒植物，在花期结束的同时，胡杨的展叶物候开始（周正立等，2005；李志军等，2003）。有多种异形叶分布的胡杨个体，总是分布在树冠顶部的阔卵形叶先展开，然后是分布在树冠中下部的卵形叶、披针形叶和条形叶逐渐依次展开（黄文娟等，2010），表明，树冠不同垂直空间枝芽的生长特征及展叶物候有所不同。不同发育阶段的胡杨个体其异形叶的类型有所不同，但不同发育阶段的胡杨个体异形叶展叶物候是否有时间和空间上的差异目前尚未见报道。本研究选择不同发育阶段的胡杨个体为研究对象，探究了不同发育阶段及同一发育阶段树冠不同垂直空间枝芽展叶物候间的差异，阐明了枝芽生长特征、展叶物候与异形叶叶形间的关系，为进一步揭示胡杨异形叶性在胡杨生活史策略中的生物学意义奠定了基础。

## 9.1 研究方法

### 9.1.1 研究区概况

研究区概况同第 2 章 "2.1.1 研究区概况"。

## 9.1.2 试验设计

为了研究胡杨展叶物候与个体发育阶段的关系,选择 5 个发育阶段的胡杨(以 A、B、C、D、E 分别代表 5 个发育阶段的个体)为研究对象,观测各发育阶段异形叶展叶物候特点。每个发育阶段选取 3 株作为重复观测样株。胡杨 5 个发育阶段树冠上自然呈现的异形叶类型、平均胸径、平均树高的情况见如下介绍。

A 发育阶段:仅有条形叶,平均树龄 3 年,平均胸径 2.3cm,平均树高 4.1m。

B 发育阶段:具条形叶和披针形叶,平均树龄 5 年,平均胸径 4.0cm,平均树高 4.6m。

C 发育阶段:具条形叶、披针形叶和卵形叶,平均树龄 7 年,平均胸径 5.1cm,平均树高 5.1m。

D 发育阶段:具条形叶、披针形叶、卵形叶和阔卵形叶,平均树龄 8 年,平均胸径 8.2cm,平均树高 7.2m。

E 发育阶段:具披针形叶、卵形叶和阔卵形叶,平均树龄 10 年,平均胸径 10.6cm,平均树高 8.5m。

## 9.1.3 采样方法

冠高测定方法及树冠层次的划分方法同第 2 章 "2.1.4 异形叶和花空间分布调查"。在样株树冠 5 个层次的中央位置,按东、南、西、北 4 个方位选取 4 个当年生茎(作为每个层次上的重复)挂牌标记,用于展叶物候期定期观测。

## 9.1.4 展叶物候观测方法

参照《中国物候观测方法》(宛敏渭和刘秀珍,1979)和木本植物观测标准(夏林喜等,2006)逐日或隔日进行观测,记录各发育阶段胡杨个体枝芽萌动期(芽鳞片开始分离到露出枝芽的时间)、展叶始期(从当年生茎基部开始第 1 节位叶由卷曲到展平的时间)、展叶终期(当年生茎上所有叶片完全展平的时间),统计出叶周期(叶片数持续时间,指从植物露出枝芽开始到每枝叶片数达到稳定的时间)(朱旭斌等,2005)。

## 9.1.5 当年生茎形态指标测定方法

胡杨的顶芽为枝芽。从枝芽萌动开始到每枝叶片数、叶面积达到稳定后,测定当年生茎长度、每枝叶片数,并摘取当年生茎所有叶片,用 MRS-9600TFU2 扫描仪测量叶片宽度、叶片长度、叶面积,计算叶形指数。

## 9.1.6 数据统计分析方法

对所得数据用 DPS 统计软件进行数据相关分析。统计处理前,先将表中的日期型数据变换成数字型数据。按减去常数项的方法(孙德祥和何尚仁,1989)转换数据,计算出变动系数(郑亚琼等,2015)。数据转换计算公式为

$$X''_{ij} = X_{ij} - \min_j X_{ij}$$

式中，$X''_{ij}$ 为转换后第 $i$ 行第 $j$ 列的数据；$X_{ij}$ 为转换前第 $i$ 行第 $j$ 列的数据；$\min_j X_{ij}$ 为转换前第 $j$ 列的最小值。

## 9.2 胡杨不同发育阶段当年生茎的形态特征

### 9.2.1 当年生茎长度随个体发育阶段和树冠层次的变化规律

胡杨枝芽位于上年生茎的顶端，从枝芽开始萌动到生长发育为当年生枝的过程，是一个当年生茎长度、每枝叶面积和每枝叶片数不断增加直至稳定的过程。图9-1显示，胡杨当年生茎长度随树龄增加呈减小趋势，A和B发育阶段与C～E发育阶段当年生茎长度存在显著差异（$P<0.05$）。在树冠垂直空间，A～D发育阶段均呈现当年生茎长度随树冠层次增加而减小的趋势，树冠第1层与第5层当年生茎长度有显著差异（$P<0.05$）；E发育阶段当年生茎长度在树冠不同层次间无显著差异。说明，胡杨当年生茎长度与胡杨个体发育阶段有关，与当年生茎在树冠垂直空间上的位置有关。

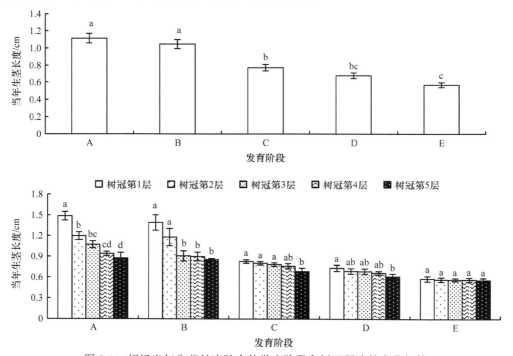

图 9-1 胡杨当年生茎长度随个体发育阶段和树冠层次的变化规律

单个柱子为一组的小图，柱子上方不含有相同小写字母代表不同发育阶段间差异显著（$P<0.05$）；多个柱子为一组的小图，每组柱子上方不含有相同小写字母代表同一发育阶段树冠不同层次间差异显著（$P<0.05$），本章下同

### 9.2.2 每枝叶片数随个体发育阶段和树冠层次的变化规律

从图9-2可以看出，胡杨每枝叶片数随树龄增加呈减少趋势，A发育阶段与B和C发

育阶段与 D 和 E 发育阶段之间存在显著差异。在树冠垂直空间，除了 A 发育阶段，其余发育阶段每枝叶片数均呈现随树冠层次增加而减少的趋势，且树冠第 1 层与第 5 层每枝叶片数差异显著（$P<0.05$）。

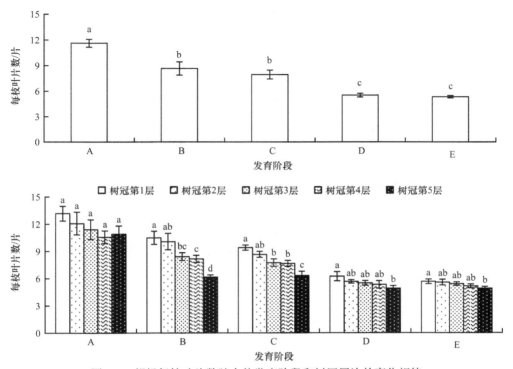

图 9-2　胡杨每枝叶片数随个体发育阶段和树冠层次的变化规律

## 9.2.3　叶形指数随个体发育阶段和树冠层次的变化规律

图 9-3 显示，胡杨异形叶叶形指数随树龄的增加呈减小趋势，A 和 B 发育阶段与 C～E 发育阶段差异显著，表明异形叶形态随发育阶段有明显变化。在树冠垂直空间，叶形指数呈现随树冠层次增加而减小的趋势，即由树冠基部向顶部方向逐渐减小的规律，各发育阶段均表现出树冠第 1 层与第 5 层差异显著（$P<0.05$）。

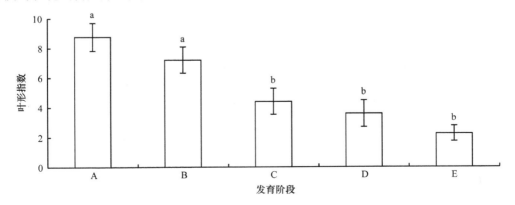

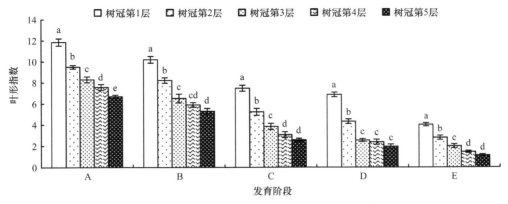

图 9-3　胡杨叶形指数随个体发育阶段和树冠层次的变化规律

### 9.2.4　每枝叶面积随个体发育阶段和树冠层次的变化规律

图 9-4 显示，每枝叶面积随树龄增加呈增大趋势，A、C、E 发育阶段之间差异显著（$P<0.05$）。每枝叶面积随树冠层次增加呈增大的趋势，除了 C 发育阶段，其余发育阶段树冠不同层次间每枝叶面积差异显著。

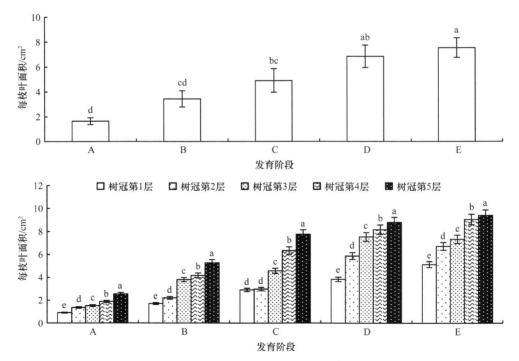

图 9-4　胡杨每枝叶面积随个体发育阶段和树冠层次的变化规律

## 9.2.5 每枝叶片干重随个体发育阶段和树冠层次的变化规律

从图 9-5 可以看出，每枝叶片干重随树龄增加呈增加的趋势，A、D、E 发育阶段之间差异显著（$P<0.05$）。每枝叶片干重随树冠层次增加呈增加的趋势，树冠第 1 层与第 5 层差异显著（$P<0.05$）。

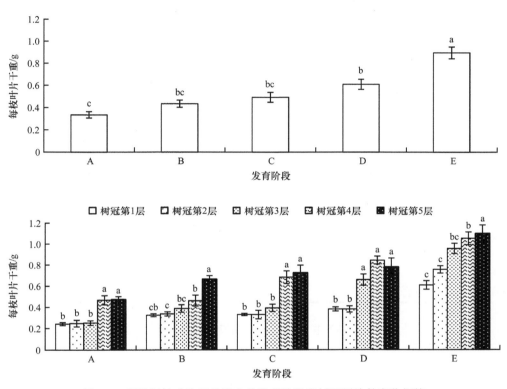

图 9-5 胡杨每枝叶片干重随个体发育阶段和树冠层次的变化规律

## 9.3 胡杨异形叶展叶物候及出叶周期

### 9.3.1 异形叶展叶物候变化特点

表 9-1～表 9-3 显示，5 个发育阶段异形叶展叶物候均始于树冠顶部并依次向下，结束于树冠基部。5 个发育阶段树冠不同层次枝芽萌动期、展叶始期、展叶终期均有差异。5 个发育阶段展叶物候的共性表现在，枝芽萌动期在 4 月上、中旬，展叶始期集中在 4 月中下旬，展叶终期则在 4 月下旬、5 月上旬至中下旬；5 个发育阶段展叶物候的差异表现为，树龄较大的枝芽萌动期、展叶始期、展叶终期较树龄较小的早，枝芽萌动期到展叶终期所经历的时间较树龄较小的短。

表9-1　胡杨各发育阶段树冠不同层次枝芽萌动期

| 发育阶段 | 枝芽萌动期（月-日） | | | | | 极差/d | 变异系数 |
| --- | --- | --- | --- | --- | --- | --- | --- |
| | 树冠第1层 | 树冠第2层 | 树冠第3层 | 树冠第4层 | 树冠第5层 | | |
| A | 4-18 | 4-15 | 4-13 | 4-12 | 4-10 | 8 | 0.65 |
| B | 4-16 | 4-15 | 4-13 | 4-10 | 4-9 | 7 | 0.97 |
| C | 4-17 | 4-15 | 4-12 | 4-10 | 4-8 | 9 | 0.83 |
| D | 4-13 | 4-12 | 4-9 | 4-6 | 4-5 | 8 | 0.88 |
| E | 4-7 | 4-6 | 4-4 | 4-3 | 4-1 | 6 | 0.75 |
| 极差/d | 11 | 9 | 9 | 9 | 9 | | |
| 变异系数 | 0.62 | 0.59 | 0.62 | 0.70 | 0.65 | | |

表9-2　胡杨各发育阶段树冠不同层次枝芽展叶始期

| 发育阶段 | 枝芽展叶始期（月-日） | | | | | 极差/d | 变异系数 |
| --- | --- | --- | --- | --- | --- | --- | --- |
| | 树冠第1层 | 树冠第2层 | 树冠第3层 | 树冠第4层 | 树冠第5层 | | |
| A | 4-25 | 4-23 | 4-21 | 4-20 | 4-17 | 8 | 0.72 |
| B | 4-24 | 4-23 | 4-21 | 4-19 | 4-16 | 8 | 0.70 |
| C | 4-25 | 4-22 | 4-20 | 4-17 | 4-16 | 9 | 0.92 |
| D | 4-21 | 4-19 | 4-16 | 4-12 | 4-11 | 10 | 0.90 |
| E | 4-15 | 4-12 | 4-10 | 4-8 | 4-7 | 8 | 0.94 |
| 极差/d | 10 | 11 | 11 | 12 | 10 | | |
| 变异系数 | 0.61 | 0.60 | 0.62 | 0.70 | 0.67 | | |

表9-3　胡杨各发育阶段树冠不同层次枝芽展叶终期

| 发育阶段 | 枝芽展叶终期（月-日） | | | | | 极差/d | 变异系数 |
| --- | --- | --- | --- | --- | --- | --- | --- |
| | 树冠第1层 | 树冠第2层 | 树冠第3层 | 树冠第4层 | 树冠第5层 | | |
| A | 5-22 | 5-19 | 5-17 | 5-14 | 5-10 | 12 | 0.72 |
| B | 5-17 | 5-14 | 5-12 | 5-9 | 5-6 | 11 | 0.76 |
| C | 5-13 | 5-10 | 5-7 | 5-3 | 5-2 | 11 | 0.93 |
| D | 5-7 | 5-5 | 5-1 | 4-28 | 4-26 | 11 | 0.85 |
| E | 5-1 | 4-28 | 4-25 | 4-23 | 4-21 | 10 | 0.86 |
| 极差/d | 21 | 21 | 22 | 21 | 19 | | |
| 变异系数 | 0.75 | 0.72 | 0.76 | 0.81 | 0.76 | | |

变异系数能够反映不同发育阶段及同一发育阶段树冠不同层次某一物候期的离散程度。从表9-1～表9-3可以看出，不同发育阶段的变异系数及同一发育阶段树冠不同层次的变异系数有所不同。变异系数越大，说明此物候期在不同发育阶段或同一发育阶段树冠不同层次出现的时间越离散。在同一立地条件下，影响各发育阶段枝芽从萌动到每枝叶片数不再增加这一生物候期长短的因素主要是枝芽萌动期、展叶始期、展叶终期的差异。

## 9.3.2 异形叶出叶周期变化特点

出叶周期是指植物从枝芽萌动开始到叶片数达到稳定的这段时间。从图9-6可以看出,随着树龄的增加,出叶周期的天数呈减少趋势,C、D发育阶段出叶周期不存在显著差异,而与A、B、E发育阶段之间均存在显著差异($P<0.05$),表明树龄小的异形叶出叶周期长。在各发育阶段,树冠不同层次间出叶周期无显著差异。

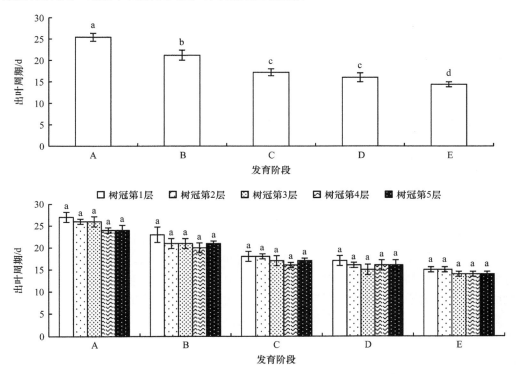

图9-6 异形叶出叶周期随个体发育阶段和树冠层次的变化规律

## 9.4 胡杨出叶周期与当年生茎和叶形态指标的相关性

表9-4显示,胡杨出叶周期与当年生茎长度、每枝叶片数和叶形指数呈极显著正相关,与每枝叶面积、胸径和每枝叶片干重呈极显著/显著负相关,说明当年生茎长度、每枝叶片数和叶形指数越大,出叶周期越长;每枝叶面积、胸径和每枝叶片干重越大,出叶周期越短。各发育阶段出叶周期的长短受发育阶段(胸径)、当年生茎长度、每枝叶片数、叶形指数、每枝叶面积和每枝叶片干重变化的影响。

表9-4 胡杨出叶周期与当年生茎和叶形态指标的相关系数($n=35$)

| 指标 | 出叶周期 | 胸径 | 当年生茎长度 | 每枝叶片数 | 叶形指数 | 每枝叶面积 | 每枝叶片干重 |
|---|---|---|---|---|---|---|---|
| 出叶周期 | 1.00 | | | | | | |
| 胸径 | −0.91* | 1.00 | | | | | |

续表

| 指标 | 出叶周期 | 胸径 | 当年生茎长度 | 每枝叶片数 | 叶形指数 | 每枝叶面积 | 每枝叶片干重 |
|---|---|---|---|---|---|---|---|
| 当年生茎长度 | 0.97** | −0.95** | 1.00 | | | | |
| 每枝叶片数 | 0.96** | −0.94** | 0.93** | 1.00 | | | |
| 叶形指数 | 0.99** | −0.94** | 0.99** | 0.95** | 1.00 | | |
| 每枝叶面积 | −0.98** | 0.97** | −0.98** | −0.98** | −0.98** | 1.00 | |
| 每枝叶片干重 | −0.84* | 0.97** | −0.87* | −0.86* | −0.87* | 0.89* | 1.00 |

*表示差异显著（$P<0.05$）；**表示差异极显著（$P<0.01$）

## 9.5 小结与讨论

### 9.5.1 胡杨不同发育阶段枝芽的生长特性

Negi（2006）对生长在喜马拉雅地区海拔 600m 和 2200m 之间的 10 个常绿树种和 15 个落叶树种进行了新梢生长的比较研究，指出常绿树种新梢上的叶子比落叶树种生长得快，这两个群体的差异是与枝条生长特性有关的。陈波和达良俊（2003）对栲（*Castanopsis fargesii*）不同生长发育阶段枝系特征的研究结果表明，栲在不同发育阶段的总体分枝率和逐步分枝率有显著变化，幼苗和幼树阶段的分枝率较低，而成株阶段的分枝率较高；幼树阶段的枝条长度、枝倾角和叶倾角明显大于幼苗和成株阶段，表现为明显的高生长对策；叶片配置在不同枝系上有较大差异，主要集中于树冠一级枝和二级枝上；叶片从幼苗、幼树到成株阶段逐渐增大。我们的研究结果显示，胡杨枝芽生长形成的当年生茎长度、每枝叶片数、叶形指数、每枝叶面积和每枝叶片干重在不同发育阶段及同一发育阶段树冠不同层次上有较大差异，表明枝芽生长特性具有随个体生长发育阶段而变化的特征。随着树龄的增加，当年生茎长度、每枝叶片数、叶形指数在逐渐减少/小，在树冠由基部向顶部也逐渐减少/小，最终趋于稳定；而每枝叶面积和每枝叶片干重则随着树龄的增加而逐渐增加。这一研究结果不同于前人叶性状在冠层不同高度的差异与树木大小有关而与树木年龄无关（Matsuzaki et al.，2005；Mencuccini et al.，2005）的研究结论。胡杨枝芽生长过程中当年生茎和叶形态表现出一定的规律性变化。

### 9.5.2 胡杨不同发育阶段展叶物候及展叶格局

朱旭斌等（2005）对南京地区落叶栎林主要木本植物的展叶动态进行了研究，发现叶片大的物种展叶晚，叶片越大展叶速率越大，但展叶持续时间与叶片的大小无关。对同一立地条件下不同发育阶段胡杨个体枝芽展叶物候的研究表明，胡杨个体展叶物候期具有空间秩序，5个不同发育阶段胡杨个体均表现出展叶物候始于树冠顶层枝芽（树冠顶层枝条叶面积最大）的萌动、展叶，依次向下结束于树冠下层枝芽萌动、展叶的特征；树龄较大（个体平均叶面积较大）的胡杨个体其枝芽萌动期、起始展叶期、展叶结束期较树龄较小（个体平均叶面积较小）的胡杨个体要早，其枝芽萌动期到展叶结束期的时间较树龄较小

（个体平均叶面积较小）的胡杨个体要短。对于胡杨这一物种，由于其枝芽生长特性、叶性状具有随个体生长发育的不同阶段而变化的特征，使其展叶物候、展叶格局也表现出随个体生长发育阶段和空间部位的不同而变化，总体上表现为具有大叶的个体、大叶所在的空间部位枝芽展叶物候较早，具有较短的展叶期。

从物种水平来看，长期的进化和对环境的适应使物种的展叶过程和环境变化相协调，实现了物种对资源利用的最大化，形成了物种特有的展叶格局（Kikuzawa，1991）。同一立地条件下胡杨的 5 个发育阶段个体，均表现出展叶物候始于树冠上层枝芽的萌动、展叶，依次向下，结束于树冠下层枝芽萌动、展叶，独特的展叶格局可能是胡杨自身遗传因子作用下在长期的进化过程中形成的独特属性。我们的前期观察表明，越是长/宽值（叶形指数）小的叶片在植株上出现得越早，即总是树冠最顶端的阔卵形叶先展开，下层的卵形叶、披针形叶和条形叶逐渐依次展开（黄文娟等，2010）。本研究再一次证实，胡杨不论处在哪个发育阶段，叶形指数最小的叶片（叶面积最大）总是处于树冠的顶层，也是最先展叶的。叶面积大而且占据着树冠的最高空间，有利于实现胡杨对光、热资源的最大化利用。胡杨是先花后叶植物，胡杨这种由树冠顶部向基部的展叶格局，至少在进入生殖生长阶段能够尽早尽快地为开花结实提供光合产物。

### 9.5.3 胡杨不同发育阶段出叶周期与枝芽生长特性的关系

胡杨的枝芽生长过程是一个从枝芽开始萌动、当年生茎生长到其上叶片数不再增加为止的过程，从时间的角度称为出叶周期。研究分析认为，胡杨枝芽展叶物候与个体发育阶段有关系，但出叶周期更多的是取决于不同发育阶段同一个体树冠不同层次枝芽的生长特性，因为胡杨的幼叶蕴藏在上年生枝条顶端的枝芽内。因此，出叶周期必然会随着当年生茎长度、每枝叶片数、叶形指数和每枝叶面积变化而变化，而且它们之间表现出极显著的相关性。有学者研究了常绿树种和落叶树种幼树和成年树出叶周期的类型和叶片寿命，目的是分析和解释叶性状与树龄的相关性，发现幼树叶片持续时间比成年树短，认为出叶周期和叶寿命在两个生长阶段的差异与单位面积上的叶片质量的资源可用性有关（Mediavilla and Escudero，2009）。胡杨个体生长发育过程中出叶周期表现出与上述相似的规律，即树龄小的植株出叶周期较长，特别是幼龄阶段的植株完全展叶需要较长的时间，随着树龄的增加，植株完全展叶需要的时间减少。

## 主要参考文献

白洁, 葛全胜, 戴君虎. 2009. 贵阳木本植物物候对气候变化的响应. 地理研究, 28(6): 1607-1614.
常兆丰, 韩福贵, 仲生年. 2009. 甘肃民勤荒漠区 18 种乔木物候与气温变化的关系. 植物生态学报, 33(2): 311-319.
陈波, 达良俊. 2003. 栲树不同生长发育阶段的枝系特征分析. 武汉植物学研究, 21(3): 226-231.
顾亚亚, 张世卿, 李先勇, 等. 2013. 濒危物种胡杨胸径与树龄关系研究. 塔里木大学学报, 25(2): 11-21.
韩小梅, 申双和. 2008. 物候模型研究进展. 生态学杂志, 27(1): 89-95.
侯玉珏, 张晓云, 赵彩平, 等. 2012. 矮化型、短枝型和柱型苹果苗枝芽特性和叶片特征比较. 西北农业学报, 21(7): 134-137.

黄文娟, 李志军, 杨赵平, 等. 2010. 胡杨异形叶结构型性状及其相互关系. 生态学报, 30(17): 4636-4642.

李守勇, 孙明高, 李学宏, 等. 2003. 11个黑杨无性系物候期变异分析. 西北林学院学报, 18(3): 40-42.

李志军, 刘建平, 于军, 等. 2003. 胡杨、灰叶胡杨生物生态学特性调查. 西北植物学报, 23(7): 1292-1296.

陆佩玲, 于强, 贺庆棠. 2006. 植物物候对气候变化的响应. 生态学报, 26(3): 923-929.

买尔燕古丽·阿不都热合曼, 艾里西尔·库尔班, 阿迪力·阿不来提, 等. 2008. 塔里木河下游胡杨物候特征观测. 干旱区研究, 25(4): 525-530.

彭邵锋, 陈永忠, 马力, 等. 2011. 油茶良种枝梢生长特性研究. 林业科技开发, 25(2): 24-28.

祁如英, 严进瑞, 王启兰. 2006. 青海小叶杨物候变化及其对气候变化的响应. 中国农业气象, 27(1): 41-45.

孙德祥, 何尚仁. 1989. 多元分析方法及其应用. 银川: 宁夏人民出版社, 82-191.

宛敏渭, 刘秀珍. 1979. 中国物候观测方法. 北京: 科学出版社.

王丛红, 王秀华. 2007. 水曲柳枝芽特性的研究. 吉林林业科技, 36(5): 7-9.

王德新, 张晏, 段安安, 等. 2009. 滇杨优树无性系物候期观测. 西南林学院学报, 29(6): 21-23, 27.

王连喜, 陈怀亮, 李琪. 2010. 植物物候与气候研究进展. 生态学报, 30(2): 447-454.

王世绩. 1996. 全球胡杨林的现状及保护和恢复对策. 世界林业研究, 9(6): 37-43.

王世绩, 陈炳浩, 李护群. 1995. 胡杨林. 北京: 中国环境科学出版社, 3-18.

魏庆莒. 1990. 胡杨. 北京: 中国林业出版社, 24-28.

吴昌陆, 陈卫元, 杜庆平. 1999. 蜡梅枝芽特性的研究. 园艺学报, 26(1): 37-42.

夏林喜, 牛永波, 李爱萍, 等. 2006. 浅谈木本植物物候观测要求及各物候期观测标准. 山西气象, (2): 47-48.

杨成生, 王芳, 张亚军, 等. 2006. 10个杨树品种的物候期研究. 甘肃林业, 30(2): 29-31, 48.

杨丽桃, 侯琼. 2008. 内蒙古东部地区小叶杨物候变化与气象条件的关系. 气象与环境学报, 24(6): 39-44.

郑亚琼, 冯梅, 李志军. 2015. 胡杨枝芽生长特征及其展叶物候特征. 生态学报, 35(4): 1198-1207.

周正立, 李志军, 龚卫江, 等. 2005. 胡杨、灰叶胡杨开花生物学特性研究. 武汉植物学研究, 23(2): 163-168.

朱旭斌, 刘娅梅, 孙书存. 2005. 南京地区落叶栎林主要木本植物的展叶动态研究. 植物生态学报, 29(1): 125-136.

Cleland E E, Chuine I, Menzel A, et al. 2007. Shifting plant phenology in response to global change. Trends in Ecology and Evolution, 22(7): 357-365.

Forrest J, Miller-Rushing A J. 2010. Toward a synthetic understanding of the role of phenology in ecology and evolution. Philosophical Transactions of the Royal Society B: Biological Sciences, 365(1555): 3101-3112.

Kikuzawa K. 1991. A cost-benefit analysis of leaf habit and leaf longevity of trees and their geographical pattern. American Naturalist, 138(5): 1250-1263.

Körner C, Basler D. 2010. Phenology under global warming. Science, 327(5972): 1461-1462.

Matsuzaki J, Norisada M, Kodaira J, et al. 2005. Shoots grafted into the upper crowns of tall Japanese cedar (*Cryptomeria japonica* D. Don) show foliar gas exchange characteristics similar to those of intact shoots. Trees (Berlin), 19(2): 198-203.

Mediavilla S, Escudero A. 2009. Ontogenetic changes in leaf phenology of two co-occurring Mediterranean oaks differing in leaf life span. Ecological Research, 24(5): 1083-1090.

Mencuccini M, Martínez-Vilalta J, Vanderklein D, et al. 2005. Size-mediated ageing reduces vigour in trees. Ecology Letters, 8(11): 1183-1190.

Negi G C S. 2006. Leaf and bud demography and shoot growth in evergreen and deciduous trees of central Himalaya, India. Trees-Structure and Function, 20(4): 416-429.